U0036409

根

以讀者爲其根本

莖

用生活來做支撐

葉

引發思考或功用

獲取效益或趣味

妮可兒的77個親密關係提醒

妮可兒◎著

性福掛號信

作　　者：妮可兒
出 版 者：葉子出版股份有限公司
發 行 人：宋宏智
企劃主編：萬麗慧
行銷企劃：汪君瑜
執行編輯：姚奉綺
文字編輯：錢美蓮
美術設計：李明靛
插　　畫：林美里
印　　務：許鈞棋
登 記 證：局版北市業字第677號
地　　址：台北市新生南路三段88號5樓之6
電　　話：(02) 23660309　傳　真：(02) 23660310
網　　址：http://www.ycrc.com.tw
讀者服務信箱：service@ycrc.com.tw
郵撥帳號：19735365　戶　名：葉忠賢
印　　刷：鼎易印刷事業股份有限公司
法律顧問：北辰著作權事務所
初版一刷：2004年9月　定　價：新台幣200元
ISBN：986-7609-35-2

國家圖書館出版品預行編目資料

性福掛號信　／妮可兒作. --初版--. --臺北市
：葉子, 2004〔民93〕
面：　公分. --（向日葵）
ISBN 986-7609-35-2（平裝）
1. 性知識
429.1　　93011082

總 經 銷：揚智文化事業股份有限公司
地　　址：台北市新生南路三段88號5樓之6
電　　話：(02) 23660309
傳　　真：(02) 23660310

♥自序♥

為「性」福加分

請問一下，我跟女友做愛時間約10分鐘，這樣算早洩嗎？那直徑3公分是算大還是算小？

這是我接過最多讀者問的問題，男人不外乎大小、時間長短等等，很多我意想不到的問題，都出現了。

我覺得這是個很有趣的事，當我接到許多讀者來信，和我去回答這些問題時，我才知道原來現在的男人在想什麼，現在的小男生做了什麼事，他們的性知識從哪來；我也瞭解現在的女人已經不像以前那麼害羞，關於性這方面都很大膽的告白。可以深入瞭解男人和女人對性的看法，是一件令人愉悅的事。

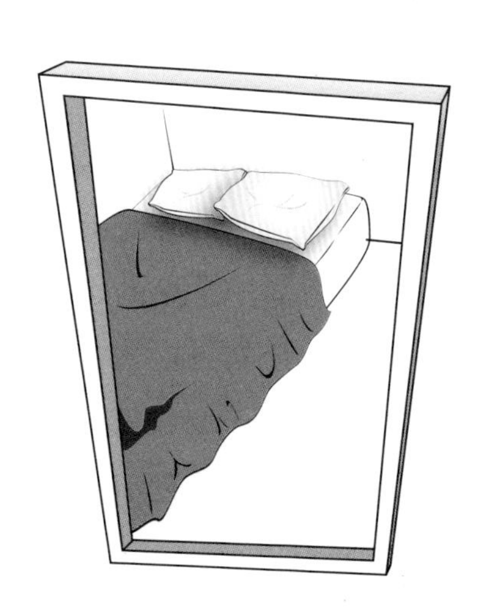

前一陣子有個調查報告，最有用的性知識來源，以全球受訪者分析，依次是報紙(21%)、書籍(20%)、網路和朋友(分別占15%)，只有4%的人認為父母和醫師的性教育是有用的；台灣的受訪者性知識來源依次是書籍(32%)、網路(27%)、報紙(15%)。相較於全球的平均狀況，台灣地區的網際網路性知識的比率偏高，專家也呼籲，政府、學校可以多利用新崛起的網路平台進行性教育，會有事半功倍的效果。

但是除了網路的部分外，我認為A片也是許多人性知識的來源之一， 大部分的男人就是愛看，看A片是每個男人的最愛吧！有些男人把看A片拿來當生活休閒的樂趣，甚至是珍藏，A片活脫就是男人的健康教育課本。

也是因為如此，所以我接到很多關於和A片比較的問題，說實在的，真的會令我噴飯大笑，我無意嘲笑讀者的問題，我甚至覺得讀者至少願意詢問是一件很棒的事，而不是閉門造車，造就了很多錯誤的性知識。

A片不是萬能，它也許能助興，但絕對不是一個好的教材。親愛的讀者們，去詢問專家才能讓你的問題獲得真正的解決喔！

而我也必須在這聲明，兩個人在一起不是只有性的存在，雙方的信任、愛、尊敬也是讓你們性生活美滿一個很大的因素，所以多花一點時間關心對方，也就能嘗到「性」福喔！

妮可兒

目錄 CONTENTS

粉紅心事 女孩關心的19個私房話題

初嘗親密禁果，什麼都不懂？身體有異，擔心受怕？
偏偏朋友都不懂、老師沒有教，爸媽又都保守得讓人不敢問！19個女孩私房話題，解開妳說不出口的滿腹疑惑。

褲襠煩憂 男孩想聽的19個祕密解答

如何做愛做的事？我是不是比人家小又不持久？
偏偏朋友都吹牛、A片胡亂教，爸媽又都古板得讓人想撞牆！19個男孩祕密解答，回答你傷透腦筋的難堪問題。

青澀澀鞦韆 青少年困惑的15個性疑問

第一次到底怎麼做？處女膜這樣會不會破呢？
你並非年紀小，只是正在長大，面對正在成長中的改變，15個青少年疑惑問題集，幫助你走過困窘的青澀年華。

男女進行式 親密伴侶必知的24個閨房密問

六九體位如何高潮？女人性感帶在哪裡？
怎麼說的、看的，都比「做」來的容易多了？明明就是「生物本能」，哪來那麼多問題？親密伴侶必知的24個性問題，就是房事解救大全！

女孩關心的19個私房話題

粉紅心事

初嘗親密禁果，什麼都不懂？
身體有異，擔心受怕？
偏偏朋友都不懂、老師沒有教，
爸媽又都保守得讓人不敢問！

19個女孩私房話題，
解開妳說不出口的滿腹疑惑。

01 親密之後　腫脹流膿

妮可兒小姐：

我今年已經19歲，我很愛我男朋友，和他在一起也已經1年了，我和男朋友一見面總是猛做愛做的事，我很喜歡和他做愛，感覺很像走在雲端，飛起來似的！

但是最近卻有一個問題困擾著我，因為最近做完後，我那裡總是腫腫脹脹的，直到有一次男友連續射了3次在我體內，之後，那幾天就覺得好像有一堆排不完的分泌物，當初一直認為是男友的精子或自己的分泌物排出體外，結果才發現好像是流膿……。

我看到時嚇了一跳，簡直慌了手腳，跟男友哭訴問他該怎麼辦，但他也幫不了我，為什麼會那樣呢？是因為做得太激烈導致陰道破皮才流膿的嗎？還是怎麼回事？我該怎麼辦呢？會自然好嗎？需要去找醫生嗎？可是我很害怕看醫生耶！

小希

小希：

我知道當妳看到大量分泌物時，心裡一定很害怕，也求救無門，可是妳先別著急，女人本來就有一定的分泌物在，重要的是如何分辨分泌物是否正常。不正常的分泌物呈微黃至綠色，發出腥味；正常的分泌物則是較純呈白色，黏度視月經週期的階段而定，在排卵期較少且乾淨，排卵期結束後較多。

女人多少都會有一定量的分泌物，如果妳以前不曾發生，而是最近才有的現象，也不必驚慌，不了解的女人會以為自己染上疾病，但這是正常的，除非出現痛癢、發熱或有發出異味的情形，否則就不必在意它。

但如果像妳所說的是流膿的狀況，那就可能要去給醫生看一下囉！因為陰道內的細菌很多，只要一不小心就可能會感染，例如酵母菌感染，最常出現的徵狀是陰道周圍的搔癢症狀；陰道內細菌的感染則多是經由性交感染，會出現陰道內發紅發熱、有黏稠狀異味的分泌物，至於滴蟲感染也是經由性交傳染，會出現黃色或綠色的分泌物。後兩者的治療方法都是使用抗生素。

如果不加治療，細菌感染會引起骨盆腔發炎，嚴重者將導致不孕，當然這是最嚴重的情況啦！雖然妳很害怕看醫生，但是為了健康著想，建議妳還是快快找醫生診治喔！

妮可兒

02 女生不敢主動挑逗

妮可兒妳好：

我今年20歲，還是個學生，自從我有了性生活以後，我發現自己好像很喜歡做愛的感覺，做愛的時候很容易就有高潮，所以會覺得很舒服。

不過其實我看起來就是乖乖女，連男友也覺得我是乖乖女，在大家的眼中，我就是那種話不多的氣質少女，雖然有時我很想學電影女主角主動勾引男生上床，但是我始終提不起勇氣，而且很怕會破壞在男友心目中的形象，也擔心因為太主動會嚇到男友，讓他以為我就是那種會主動勾引人的女生。

女生主動勾引男生會不會讓男生覺得很不好啊？我很怕男友對我有很大的誤解，也很怕男友會跟朋友說我是那種「騷貨」，外表一副淑女模樣，其實內在是淫女，那我的形象不就全完了。而且我也不是那樣的人啊！我只是想學學電影情節而已。

小惠

小惠：

其實妳很幸運喔！做愛的時候很容易就有高潮，很多女人都還不知道高潮的滋味呢！不過妳也太害羞、想太多了啦！其實在兩性生活中，若是偶爾由女人採取主動，會令雙方的滿足感更加提升喔！

因為現在大部分的人仍然強烈受到社會道德規範的影響，傳統告訴我們男方應「追」，而女方應「被追」，或者女方通常都傾向於用含蓄、間接的暗示來啟動性行為，但其實那些經常採取主動的女性，通常會獲得較滿意的性交經驗，也使她們在表達性慾望時更加放鬆。

我相信有時男人也希望對方能主動一點，這樣一定能夠勾起男人的慾火，不過建議妳還是事先探聽一下男友對「女人主動」這事的看法，若是他沒有異議，就可以開始試著主動暗示他，慢慢地用一些花招，例如氣氛的營造，或是穿上性感內衣等，這些都有可能迅速讓一個男人噴火！不過主動的次數可別太多，偶爾拿出來玩一下，相信男友會更愛妳的喔！

至於妳男友和他朋友的問題，我相信只要你們彼此溝通良好，他是不會隨便對外人亂說床第之事的。不過一旦他老愛跟人宣揚妳跟他在床上如何如何，我看妳就得好好評估這個男友了，一個好男人絕不會這樣做的。

妮可兒

03 碰到香皂陰部會刺痛

妮可兒妳好：

我是今年25歲的女生，有一個困擾2年多的問題，就是陰部會癢而且碰到香皂或上小便都會有刺痛感，我還發現有細微的條狀傷口，為此我也去看了醫生，但一直無法好轉，問題一樣存在，真擔心這樣下去會不會更嚴重。

我曾經有個女性朋友也差不多是這樣的問題，但是她被診斷是「霉菌感染」，吃藥、擦藥就好了，我本來也以為自己是這樣，但醫生卻說不是，卻也說不出來到底是什麼病。

其實我的生活作息很正常也很單純，有個固定男友，起初我還以為是因為做愛引起的病菌，可是我跟男友又不是常做愛，而且他的身體也沒有什麼病，為什麼我會這樣？請問這可能是哪方面的問題？我該怎麼辦？

君

君：

看來你已經被這個問題困擾很久了，時間都2年多了，要是我的話，早就看醫生囉！如果這個醫生治不好，我會一直換醫生，直到我的病醫好為止。所以妳真的要積極一點囉！

其實我想陰部會癢，可能表示有子宮頸陰道發炎，有白帶流出來刺激到會陰部，導致皮膚過敏才會搔癢；而碰到香皂或上小便皆有刺痛感，表示外陰部有蛻皮或有小傷口，受到化學品（香皂）或尿酸刺激才會刺痛；細微的條狀傷口就是皮膚因發炎變脆弱因而裂傷，所以這純粹是子宮頸、陰道及外陰發炎白帶的問題。我建議妳還是找間大一點的醫院做檢查，找正確的醫生治療才是當務之急。

在這裡先告訴妳注意一些治療上的小細節：治療時間要足夠，至少十四天，月經期也不可中止治療；一定要對症下藥，每次白帶未必都是同樣病原菌引起；發炎期間勿使用香皂或化學藥品搓洗外陰部，以免刺激傷害皮膚；有傷口時可使用無刺激性的優碘藥水坐浴，用消炎藥膏擦拭；傷口未痊癒之前暫時不要跟男友發生親密關係；而且治療期間，男友一定要用保險套，避免「乒乓球（交叉）」感染，並使用大量潤滑劑，以避免外陰部受傷。

妮可兒

04 骨盆體操有助陰道緊縮

妮可兒：

妳好，我是一個剛滿20歲的女生，由於本身很喜歡做愛的感覺，也很享受做愛的過程，所以其實在很小的時候，就已經有性經驗，而到現在做愛的次數也不少了。

最近有一次在跟男朋友做愛的時候，他竟然覺得我的陰道有一點鬆，他這樣一說害我嚇到，我才20歲而已耶！怎麼陰道會鬆掉呢？我想知道，常常做愛是不是會導致陰道鬆弛？有沒有辦法可以補救呢？可以靠運動來緊實陰道嗎？那有什麼樣的運動？

另外，因為我很喜歡做愛，所以一個禮拜做愛次數至少有10次以上，這樣會對身體造成什麼樣的負擔嗎？還是沒什麼差別？

疑惑的愛妮

疑惑的愛妮：

其實以妳20歲的年紀，是不用太擔心陰道鬆弛的問題，會有這種問題的大都是生產過的女人。因為女性流產或分娩之後，陰道經過擴張肌肉彈性往往減弱，這時如果不注意加強骨盆肌肉鍛鍊，就可能使陰道鬆弛。所以未生產過的女性就不用太擔心「陰道鬆弛嚴重」的問題啦！但練一練骨盆體操有助於鍛鍊陰道、肛門括約肌力量，陰道鬆弛者不妨用之。

不過，想要自由控制括約肌也並不是那麼容易。首先，可以從控制肛門的括約肌開始練習，以平常排便時的要領來進行肛門的收縮運動，在用力使肛門收縮的同時，陰道周圍應該也能有類似的感覺。在持續進行這種運動之後，相信慢慢可以隨意控制陰道的括約肌，這樣便可以使陰莖有更緊縮的感覺。

至於妳問到的做愛太多次是否會造成身體負擔，其實現代醫學均強調房事不宜過度，對女性來說，性交過頻可導致植物神經功能失調，出現一系列的植物神經功能紊亂的表現，如精神萎靡不振、頭暈、頭昏、面色蒼白、眼眶周圍灰暗、心煩、口乾、腰膝酸軟、白帶增多，個別的可能出現月經失調。由此可見，女性也需慎防房事過度。其實只要適度的性愛，反而會使身體的抵抗力變強！但一定要是「適度」的喔！

妮可兒

05 乳暈由粉紅變咖啡色

妮可兒小姐：

我是個高中女生，有個問題想請教您，從小開始我就有自慰的習慣，而且次數還很頻繁，大概一個星期就有1至2次，有時候更多次，直到高中才慢慢減少，不曉得對身體健康有沒有影響？這樣女性賀爾蒙會不會因此減少而導致更年期提早來臨呢？每次只要想到如果更年期提早來，心裡就感到很害怕，請給我一個解答吧！

另一個問題是，國中的時候因為乳暈很癢，所以用手去抓，結果沒想到抓到破皮流血，我擦了藥後（我不知道是什麼藥），我的乳暈居然從粉紅色變成了咖啡色，簡直嚇死我了，我很害怕，不曉得以後會不會被男友認為我生過小孩，可是我又不敢去看醫生，所以想問有沒有方法可以變回原來的粉紅色？

咪仔

咪仔：

每個人都有七情六慾，也不一定要兩個人才能釋放內心的慾望；自慰是種很健康的宣洩方式，大家都有權利享受。當然女性也跟男性一樣會有性慾，因此會自慰也是理所當然的，而自慰也能夠抒發平日積存的壓力。

但自慰的次數、頻率又是如何呢？調查中顯示出一個月中3到10次是最普遍的，而再來是2天1次的，甚至天天自慰的人也有。不過因自慰導致女性賀爾蒙因此減少而更年期提早來臨的說法，尚未得到醫界的證明，所以也就不用擔心太多。

關於乳暈顏色的問題，乳暈顏色的深淺是因為黑色素的影響，跟有沒有生過小孩沒有直接的關係，所以千萬不要相信一些沒醫學根據的謠言喔！至於為什麼擦藥後變成咖啡色，光看妳的描述我很難去判斷，所以還是建議妳去找醫生比較妥當，因為可能是受到感染或其他的因素，相信醫生能給妳一個明確的答案。

想把乳暈變回粉紅色的話，市面上有販售一些乳暈漂白劑，可以將乳暈變成粉粉的顏色，妳可以試試，但前提是依照醫生指示使用喔！不過我認為女人的乳暈顏色並不是那麼重要，大部分亞洲女性的乳暈多呈現咖啡色，並不是一定要粉紅色的乳暈才美，維持原來的顏色，自然就是美！

妮可兒

06 每天都自慰的女孩

妮可兒小姐：

我是一個很愛自慰的女生！我每天都會自慰，但是我卻怎麼也不大舒服，因為我現在還沒有男朋友。從國中開始，我就有自慰的習慣，已經持續2年多，剛開始的時候是在洗澡時用海綿不斷地摩擦陰部，接著是睡覺前會用手指不斷地觸摸我的性器官，晚上總是想著性愛的事，看電視介紹自慰器，也曾想要嘗試看看，但因為怕父母發現，所以作罷。

可能是因為課業壓力太大，而且我又沒有太多朋友，所以我其實是非常寂寞，雖然有男孩子會追我，但是我都不喜歡，所以我經常會幻想和好多男同學發生性關係。

我想請問您，怎麼樣自慰比較舒服？還有能用什麼東西或器具來自慰呢？能告訴我嗎？拜託您了。

咩咩

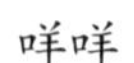

咩咩：

自慰的方法因人而異，沒有什麼特別正確的方法，全憑個人的感受而定。但如果妳還不太懂得方法，不妨照著以下的方式試試看。

首先，為了讓身心放鬆，請待在自己的房間內，並確保這段期間內不會被人撞見。因為需要用到手指，所以請將雙手清洗乾淨，並把過長的指甲剪短。

躺在床上時，內褲穿著也沒關係，但要脫到腳踝邊，上衣最好全部脫掉。再來幻想一些色情畫面，當妳已沈浸在性幻想氣氛時，就可以伸出手來撫摸敏感的陰蒂和其周圍。當陰蒂感到舒服了，可用指尖往下方探索，若因興奮而產生愛液，則可逐漸將手指伸入陰道中進進出出，反覆來回。為了達到高潮，可在自己感到最快活的地方用一定的速度不斷地刺激它，輕拍、搓揉、撫摸或按摩都可以。當感覺快到高潮時，千萬別猶豫，手指也別停，要繼續集中精神以達到高潮。

若沒辦法有舒服的感覺，可以試著改變姿勢，趴著、側躺或坐著都行，如果要試試道具，例如旋轉機或電動按摩棒都行，也可以用身邊的物品替代，例如長條狀的東西即可，但要注意的是，一定要保持清潔才能插入陰道內喔！

妮可兒

07 墮胎之後一個月可嘿咻

妮可兒小姐：

我今年21歲，還是學生，但是我懷孕了。和男友討論後，決定要把小孩拿掉。

我很慶幸男友對我的體貼和全程陪伴，他沒有讓我有任何不安、難過的感覺，也讓我覺得他是個可以信任的男人。他沒有在聽到我懷孕時想落跑，還說願意負起所有責任，只是我們都太年輕，所以才會選擇拿掉baby，這次墮胎我沒有後悔。

想請問的是，墮胎後需要多久的時間才可以做愛？有任何限制嗎？還是沒有限制？

小倩

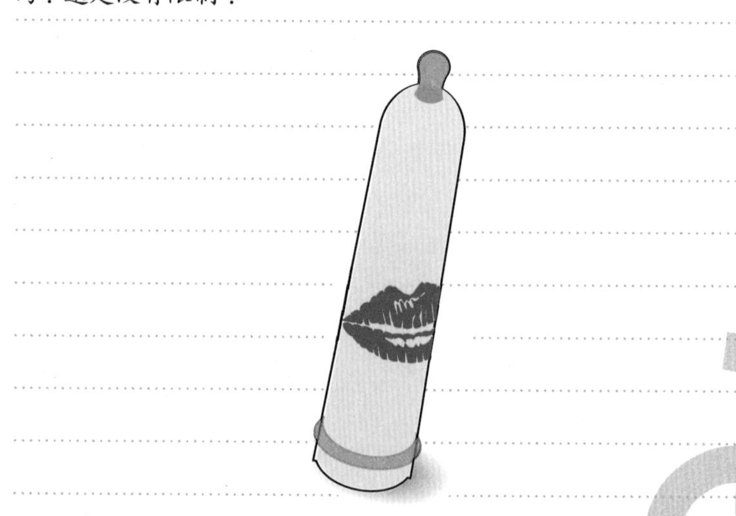

小倩：

希望妳來得及看這個留言，既然妳已決定人工流產了，有些事情還是得注意一下。一般而言，人工流產後兩週惡露便乾淨了，但要等一個月後才能恢復性生活。

那麼，為什麼惡露乾淨了還要等兩週才能過正常性生活呢？這不僅是因為人工流產後，人的心理狀態和體力需要一個恢復的過程，更重要的是子宮、卵巢等性生殖器官需要一個充分的修復與調整階段。

凡人工流產者都知道，人流方法是清除附著在子宮內膜上的胚胎組織。這必然會使子宮內膜造成一定程度的損傷。人流後兩週內，惡露雖然已經乾淨，但子宮內膜創傷並未完全恢復，如果過早地進行性交，帶入陰道的細菌很容易上行引起子宮內膜炎等婦科疾病。所以，還是人流後一個月再行房事好，以防子宮內感染。如果手術後惡露持續不淨，應到醫院檢查診治，房事也須推辭。

要注意的是，人流後卵巢一般很快恢復排卵功能，所以，恢復性生活時必須採取可靠的避孕措施，否則有可能再次懷孕。

請記得，墮胎對女人的身體健康是非常不好的，所以平時的避孕工作一定要徹底喔！

妮可兒

08 青春期自慰影響發育

妮可兒姊姊，妳好：

想請問您一個問題，我是一個國中女生，我有時候用一般酸痛按摩的按摩棒來自慰，可是只是在陰部外面。這樣子會不會對發育有影響？或是有其他的影響？會造成不孕嗎？

由於我對性非常好奇，前幾天爸媽不在家時，看到哥哥和女朋友在沙發上玩了起來，剛開始只是很單純地撫摸和親嘴。後來我看到哥哥和女朋友到房間去，我就偷偷地看，他們沒有做愛，也就是沒有放進去。

但我看到哥哥最後也射精了，射精位置在她陰道口附近，哥哥很快便用衛生紙替她擦掉。我想問像這樣射在女生陰道附近會讓女生懷孕嗎？

阿娟

阿娟：

金賽夫人的書出版後，把女性手淫的情況公諸於世，使人們知道女性同樣也有自慰行為。女性性自慰並不少見，據國外報導，在女性中有自慰行為者占58%。

自慰不會危害身體健康，也不會影響日後的性功能和生育能力，但是自慰的工具要記得保持乾淨，不然可能會造成其他病菌的感染喔！雖然自慰是正常的，但如果從少女時期就養成手淫習慣，而過於頻繁地手淫，就是另外一種情況了。一方面是手淫提高了性器官的刺激慾，使性器官的敏感性降低，以致只有手淫時的強刺激可激發性興奮，而一般較手淫刺激強度為弱的正常性交，就難以有效地激發性興奮並達到性高潮；另一方面是長期透過手淫的方式達到性高潮，可形成條件反射，這樣只有在手淫的情況下才容易出現性高潮，而正常性交卻不能出現性高潮。

因此，女性自慰雖是種正常的生理現象，偶而為之不必自責和內疚，但也不能養成習慣。若是從小就有手淫習慣，則應盡力戒除，以免為日後正常的夫妻性生活帶來不良影響。至於射在女生陰道附近會不會懷孕？別擔心！精子和卵子只有在輸卵管相遇時，才會產生小BABY。但就算是沒放入陰道的性行為，由於精蟲活動力旺盛，也不能排除藉由陰道口分泌物進入導致受孕的可能，所以最好的避孕方法就是男方戴保險套。

妮可兒

09 拒絕做愛的方法

妮可兒妳好：

我跟男友剛在一起沒多久，雖然是熱戀期，但有時候也會沒有做愛的心情，而且最近只要我們一見面，他都只想要跟我做愛，這種感覺很不好，所以很多時候我都不想，而且整個過程中我都會感到不太舒服。

可是面對男友在暗示或表明他想要時，我又不忍心拒絕，於是我就會推說身體不舒服、想睡覺、生理痛，可是男友又一直要求，一直撫摸我的身體，又會開始脫我的衣服，請問我的問題是出在哪裡呢？該怎麼解決最恰當？有沒有什麼高明的拒絕方法？

小靜

小靜：

對剛在一起不久的情侶，或是性經驗少的女孩來說，遇到做愛這碼子事，往往都會顧慮「怕拒絕他就不愛我了」、「如果不順著他，就會移情別戀」等理由，而違背自己的心意，讓對方碰自己。但是，在這種情況下做了愛，心情也不見得能好轉，因為性行為是要兩情相悅的，如果妳沒有心情或念頭，請勇敢的說「不」！

但是要注意，表達的方式很重要喔！如果妳無厘頭地說了句「絕對不要」，男性可能會認為妳否定他的人格而自尊心受損。所以，妳要輕聲細語地說：「對不起啦，只有今天不行，下次我一定好好陪你囉！」諸如此類委婉地哄哄他，也就是「延期」的意思，這樣他就會聽妳的，並在當晚沈住氣，期待下次的到來。

萬一他還是堅持一定要，並且說「那麼就用嘴巴好了」，那麼該怎麼辦？如果妳也願意就沒問題，但若妳還是不想，對方只是無理地強迫妳，或許妳就得重新考慮是不是要繼續和這種只顧滿足自己性慾的男性交往了。男性並不是都是野獸，有理性、能忍耐的男性還是很多啊！

妮可兒

10 肥胖女人的性慾

妮可兒小姐：

我現在是高中生，而且我是個胖胖的女生，從小我對於自己的身材就感到很自卑，甚至覺得自己可能永遠都不會有人來愛，也永遠交不到男朋友了……。

可是現在我看到很多朋友都有男朋友了，而且她們也都跟男朋友做過愛，又跟我說那種感覺很好，所以我也好想交個男朋友，可以互相信任、互相體貼。而且我也好想跟我所愛的人一起嘗試性愛的滋味，因為聽朋友說跟相愛的人做愛，那種感覺很棒。

可是我卻開始擔心，像我這麼胖，會不會影響做愛的過程啊？男人會想跟我這麼胖的人做愛嗎？他們會覺得很噁心嗎？胖的人用什麼體位會比較舒服？

菁美

親愛的菁美：

在體形吸引力方面，其實美與不美並沒有固定標準，有些社會文化認為肥胖是美，但有的卻樹立了以瘦為美的標準。而現代醫學則將肥胖與糖尿病、高血壓和短壽連繫起來，給肥胖冠以疾病或懶惰的標籤，人們逐漸對肥胖感到厭惡，尤其是風迷全球的健身熱，使肥胖者感到更大的精神壓力，彷彿肥胖已毫無美感可言。

然而事實並非完全如此，豐滿的身材在性生活中充滿魅力，隆起的乳房、豐滿的臂部、柔軟的腹部都能增添無比的性生活樂趣，只要不是極端的肥胖，一般來說對性生活並無影響，體形肥胖仍有性吸引力，所以菁美就不用再自卑啦！

肥胖者有時會活動不便，性生活中最好以相適應的體位為主，例如男上位、女仰臥、男跪或站立式，或是背入式，較適合女性肥胖者，而女上位、側位或背入式適合於男性肥胖者。此外，撫摸在男女雙方都肥胖之時更為適用。

妮可兒

11 性潔癖困擾人

妮可兒妳好：

我是個很愛乾淨的人，沒辦法忍受一點點的骯髒。我承認我是個有潔癖的人，潔癖的程度甚至到了性生活、丈夫的親吻和撫摸，都會覺得很噁心，因為我都會想到噁心的口水和髒手在我身上，所以我通常會在做愛完拚命地洗澡、刷牙。

有時在做愛時看到老公汗水淋漓的樣子，我不像一般人會有享受的快感，心裡想的是等一下要把床單換掉！這種愛乾淨的程度我自己也覺得很誇張，而且這讓我感到很痛苦，因為我從沒享受過真正的性歡愉，我也很想自然地享受性愛，但是……真的……很難！

Kay

Kay：

妳的現象是心理上的性潔症現象。性潔症不是女性天生就有或自發產生的，而是封建傳統文化在女性成長過程中有意把她們培養成這樣的。一般說來，精神潔癖容易使女人在戀愛中誤解或錯怪對方，反過來也最容易使一些偽君子得逞；肉體和行為潔癖則容易造成妻子的性慾低下和極度被動。

消除性潔症的第一步是認識到它的存在。一旦察覺到自己在親吻、愛撫和性生活中出現厭惡、勉強或事後感到懊悔時，就應該追憶分析：是否聯想到某些因素或不由自主地注意到認為髒的事物或清洗行為？第二步是自我探尋性潔症的來源。注意多分析幼年和青春期內的經歷，尤其是當時自己心理上有何反應。自己的性潔症不是自己主觀意識願意形成的，只不過是某些社會經歷的產物，但症狀重者須諮詢。第三步是自己主動積極地尋求心理上的幫助，同時，要靠積極的性熱情來取代性潔症。

男女的互助是不可少，但也絕不能正面進攻。如果發現對方有性潔症，首先要弄清對方屬於哪一類型，然後在適當遷就的同時，努力在對方不反感的方面做得更多更好。可以通過讚美、體貼和愛撫來暗示和誘導對方，使他（她）自己發現性潔症，萬萬不可直接批評。如果方法都行不通，建議尋求醫生協助，千萬別害怕找醫生，他們一定會想辦法替你解決！

妮可兒

12 喜愛SM的女人

妮可兒：

可能是受A片的影響，我常有一些性幻想，而且不是很普通的那種性幻想。通常都是男生喜歡SM，但是我竟然也有一點點小偏好，我喜歡和男友在做愛時，讓他把我捆綁、抽打我，只要是SM的虐待我都喜歡，而且這會讓我感覺很high、特別濕、一下子就高潮了，更誇張的是，我甚至幻想被人強暴！我是不是很變態？

我常常想像，在某一天回到家時，突然有一個強壯的男人從背後把我抱起來，撕掉我的衣服，把我壓在地上粗魯地打開我的雙腿，不需要任何愛撫就直接進入我的身體，用力地進入我，很變態吧？請問我這種情況是一種病嗎？我需要看心理醫生嗎？

娟娟

親愛的娟娟：

妳並非真的是變態啦！這只是「性遊戲」時的一種「角色扮演」心態而已。

我們知道，在遠古，我們的先人是不懂談情說愛的。他們生存只為繁殖，而交配的權利是必須經過爭鬥才能取得的，這是生物界的原則，也有利於最優秀的DNA能保留下來。所以一些男性在性生活中有某些「野蠻」、「粗魯」的心態表現，也就不足為奇了。而一些男性也認為在性生活中，粗魯的行為才能滿足其征服的雄性慾望。

但一些女性喜歡扮演受虐的角色，可能是由於在教育、傳統觀念的影響下，性是「下流」的思想已經根深蒂固，以「被動的受虐者」的角色扮演，能減少自己的罪惡感，使自己在性生活中得到最大程度的放鬆，如此更容易達到性高潮和享受性高潮。

而「幻想被強暴」，我認為是妳強烈渴望得到強烈野性的性刺激，從而達到最大程度的性滿足，從側面也反映出你們的性生活中，他所提供的性刺激不夠強烈、不夠「粗魯」。所以，妳當然不是真正希望受到強暴這種傷害。如果能和男友在性事上好好溝通，一定更能滿足妳的需求。

妮可兒

13 女人的性冷感

妮可兒妳好：

我已婚多年，但一直對「性」事這方面沒什麼慾望，先生的性慾非常強，有時候他一天會想要好幾次，只是我漸漸地對他想嘿咻的要求產生反感，雖然不會拒絕，但就是感覺不對勁。

現在每次先生要求行房時，我都會感到噁心或覺得很煩，不是找理由回絕他，就是很勉強地與他做愛，而且我都會要求他速戰速決，只想趕快結束。想當然爾，這樣的性生活自然不美滿，所以常與先生為此吵架。

他說我是性冷感的女人，我現在也開始思考自己是不是真的性冷感，難道不想做愛也是一種病嗎？我是否該去做個檢查，還是有其他的方法可以改善？請幫幫我。

小茹

親愛的小茹：

有這樣一個觸目驚心的數字：女性性冷感的發生率約30%至40%，也就是說，每3個女性就有1個性冷感。

其實絕大部分女性的性冷感都是後天造成的，而且是可以改善的。有的是因為受從小錯誤性觀念的影響，例如性生活是不潔的、好女人不應該喜歡這種事等等，長大後努力克制正常的生理需求，久而久之也就變得冷淡了；更多的則是男性的責任，有許多男性對女性過分粗暴，讓女性受到傷害甚至驚駭，以致於留下陰影，從此害怕性交，逐漸對性產生了排斥，到最後就變成性冷感。

性冷感能不能治療？生理因素的冷感可以對症下藥，但是對於心理因素造成的性冷感，就必須請教心理諮商師，而夫妻雙方最好都能一起了解。有句話說：「世上沒有性冷感的女人，只有笨拙的男人。」因此問題不一定出自女方，也可能是性伴侶技巧不佳，這時便需要雙方的溝通和協調。

「性」絕對是需要經驗與知識的累積，才可能達到圓滿。如同我們從小學用碗筷吃飯，性也是需要學習的。因此何妨適當地表達自己的感受，並尋求醫療協助，不要讓房事成為妳一生永遠的痛！

妮可兒

14 男人偏愛熟女

妮可兒：

我最近喜歡上一個男生，真的很喜歡很喜歡他，甚至很想跟他上床，每天都想著他寬闊的胸膛把我抱著，他身上的味道真是十分令我著迷……。於是我鼓起勇氣跟他告白，但是他卻跟我說，我年紀太小了，他喜歡成熟一點、年紀大一點的女生！

我實在很不解，女生不是愈年輕愈值錢嗎？不是很多男生都喜歡像我這種「幼齒」，雖然我20歲不能說是幼齒，但是這種年紀不是大家都能接受的嗎？為什麼會有男生比較喜歡老女人呢？

小愛

小愛：

　　其實我也常聽到男人說喜歡跟成熟的女人做愛，探詢原因除了性經驗較豐富、技巧較嫻熟之外，有人說成熟女人的陰道較有感覺。妳知道這其中有著什麼樣的不同嗎？

　　一般女人，她的性感覺主要侷限於陰蒂、小陰唇和陰道前壁，陰道其餘部分的敏感度則遠遠不如，子宮頸或子宮的下端幾乎沒什麼感覺，不過有個例外，一些女人對骨盆深處的壓力有性反應，這現象在已生過小孩的婦女比較常見。

　　這些女人在性交時，尤其是高潮之際，如果陰莖深入陰道中緊迫子宮頸，她會因為子宮頸被觸及，而感受到強烈的歡愉感。那種感覺，彷彿是身體的電力總開關被啟動一般，引起全身觸電般的戰慄。而且，要達到此種境界，也不一定需要很長的陰莖，只要這女人懂得移身曲腿，找到最適合自己的姿勢。她可以有效地縮短陰道的長度，很輕易地就能達到她想要的結果。

　　所以才會有一些男生喜歡這類的女生，但妳千萬別洩氣，妳一定也會找到屬於妳的真命天子喔！

妮可兒

15 男友穿我的內衣褲

妮可兒：

我跟男友剛在一起沒多久時，就發生了關係，本來還覺得跟他相處很OK，可是最近我卻覺得有點怪怪的，而且這種怪怪會讓人感到很可怕！

因為我的男友和我做愛的時候，都會拿我的內衣或內褲來穿，起初我以為他是在玩，好像開玩笑一樣，所以我沒有太大的抗拒，就由著他這樣玩，但後來他竟然每天都會這樣，而且每天穿我的內衣褲，他的樣子好像變成另一個人，我擔心他是不是變態啊？還是心理有什麼問題？

Judy

Judy：

　　如果妳肯定妳的男朋友不是在偶然的氣氛下才穿妳的內衣褲，妳的男友就可能有「扮異性症」(transvestism) 的情況，也就是說他在穿上異性衣服時才會得到性滿足。

　　可以放心的是，「扮異性症」並不像「變性症」，「扮異性症」的人並不想改變自己的性別，也不是有同性戀傾向，大部分「扮異性症」者都是異性戀者。有這方面的專家曾經指出，在性別角色較不嚴格的社會中，「扮異性症」的情況較多，而偶然扮演美麗而不用負擔生計的女性角色，會令男性暫時放下生活煩惱，盡情地享受性生活。

　　如果他這個喜好沒有對妳造成傷害，也沒有影響你們的性生活，那妳其實並不用太擔心，就當這是一種情趣吧！但如果妳不能忍受他長期這樣，最好還是跟他開門見山說清楚，問他是否有很大的生活壓力，如果情況嚴重，還可以請專家了解一下。

妮可兒

16 剛開始別奢望高潮

妮可兒：

我今年18歲，已經和男友發生了性關係，雖然我知道第一次很痛，可是當我真正遇到時，仍是痛到飆淚，所以我無法感受到人家說的那種「飄飄欲仙」的感覺。

本來以為在經歷了第一次之後，我就可以感受到高潮的感覺，我期待了好幾次，但每次我都很失望，雖然已經不痛了，但為什麼我就是沒有那種「要飛起來」的感覺，是我性冷感嗎？還是我有什麼問題？請你幫幫我吧！

晶晶

晶晶：

在色情錄影帶中，常可看到女性為表現高潮而大聲地叫喊、呻吟、翻滾，這些看在專家的眼中，大都只是戲劇。因為在相機前能感受到真正高潮的女演員，真可說是絕無僅有的。

事實上，人類歷史中證明女性有高潮迭起現象的，乃是自本世紀中期之後，而中期之前，一般人都認為女性是沒有高潮的。而女性自己能感覺到高潮的，也不過是這近幾十年來的事。

美國曾作過調查，在100人中只有29位女性無法達到高潮，但其中有些女性可從自慰中獲得高潮，也有一些女性，是因性交對象的技巧之故，而感受不到高潮。女性並非像男性一般，從最初的性行為中便能立即感受到快感，女性自輕微的快感漸入高快感期間，是需要長時間經驗的累積，更重要的是必須由男性漸漸地引導。簡單地說，亦即需要有好的對手來帶領，才能漸漸導入佳境。亦可說女性的高潮乃是由男性所引導出來的。

真正能讓身心都因性交感受到的高潮，唯有在累積足夠的經驗後，才能慢慢地進入。所以晶晶別急，慢慢地妳就可以感受到「飛起來」的快感！

妮可兒

17 胸部小的性趣低

妮可兒：

我一直覺得自己的胸部很小，可是嘗試很多方法，胸部還是沒辦法變大，本來以為我會因為胸部太小而交不到男朋友，但是幸好我前陣子交到了一個男朋友，他不會嫌我胸部太小，這讓我有鬆了一口氣的感覺。

不過後來聽男朋友說，女人的一雙大胸部可以玩很多性愛花式，偏偏我的胸部太小，究竟胸部的大小會否有礙我的性趣？還有，男人是不是真的很愛大咪咪的女人？

Rose

Rose：

胸部是女性性徵之一，是僅次於陰核與大小陰唇的性感帶，受刺激會惹起性慾，乳頭會充血發硬。但胸部大小與高潮和性滿足度，毫無任何關連。

不過，這只針對女性而言。多數的男人，始終喜歡大胸部女人，認為比較性感，富於誘惑力。崇拜大胸部的同時，也產生了一些錯誤觀念。例如，男人和女人一致相信，女人胸部愈大，對性刺激的反應愈強烈，而且容易達到性高潮。許多男人還有一種謬見，認為胸部較平坦的女人，對性刺激的反應也比較遲鈍，有的甚至根本沒有性興趣。

上面所說的錯誤觀念，加上對胸部尺度的強調，對於小胸部婦女的傷害遠超出一般人的想像。或許胸部大些是比過小美觀，但這並不表示胸部豐滿的女性，一切性器官都比較優秀。大胸部也有缺點，可能會有胸部下垂現象，因此，胸部仍以精緻堅挺為佳，而非大的比較好。

妮可兒

18 陰道有異味

妮可兒：

我跟男友在做愛時一切都很好，他總是能讓我很爽，所以我很愛我男友。不過最近有一個問題開始困擾著我，就是當他要幫我口交時，我總會不自覺地排斥，然後努力地抗拒他幫我口交。他也覺得怪怪的，以前我不是這樣子的，以前我很喜歡他舔我的妹妹，可是近來我卻一直抗拒他。

其實是因為我發現我的陰道有一種味道，那種味道我不會形容，反正聞起來就是怪怪的，所以想請問一下，為何下體常有異味，請問怎會這樣及如何解決？請回覆，謝謝。

小佩

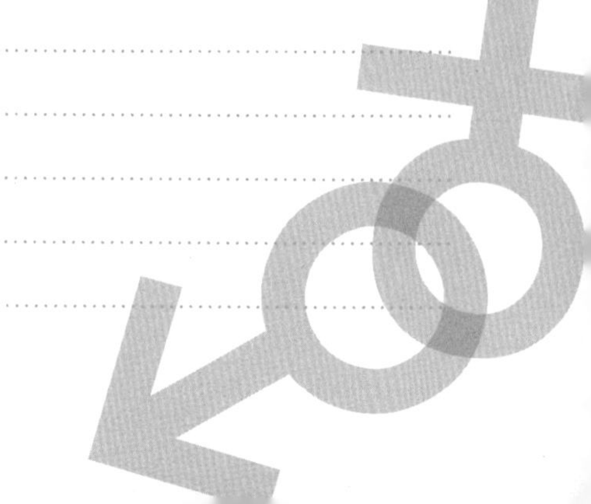

小佩：

在大自然世界裡，動物以氣味辨識異性的發情期。曾經有人做過這樣的研究，讓男性嗅女性在不同生理周期所穿過的衣服，結果大部分男士都覺得女性在排卵期的體味最吸引人。

一個健康的女性，身體同樣會有異味，但濃度則因人而異。異味的來源，與下體生理結構潮濕易生細菌有關，而荷爾蒙分泌較多者，氣味亦較濃。另外，食肉較多的人，體味亦會較普通人強烈，其中尤以吃紅肉者最為顯著，因為紅肉豐富的鐵質和脂肪，令人血氣剛強、體味大增。

一般來說，性行為較多的女性因為有較多的分泌物，能夠稀釋陰道的氣味，所以異味會較淡，故亦有說法指處女的下體氣味最濃，還被冠以「處女香」的美名，但這樣的情況其實因人而異。

要減少下體的異味，應保持均衡飲食和個人衛生。因為女性的性器官潮濕而溫暖，容易滋生細菌，加上與尿道毗連，容易互相感染，引發尿道炎和陰道炎。但要注意的是，因為女性陰道與分泌物都屬酸性，有殺菌作用，如果過分沖洗、中和有殺菌作用的分泌物，反而有助於細菌滋生，增加異味產生的機會。

如果發現異味太強或白帶增多的時候，便可能是性病的象徵，應向醫生求診。

妮可兒

19 懷孕仍可享受性愛

妮可兒：

我已經懷孕3個月了，想請問一下要到幾個月時才不能做愛？而1個星期可以做幾次才不會影響胎兒？

因為我很愛我的老公，也很喜歡跟他做愛，可是自從我懷孕後他就不太碰我，說怕對寶寶不好，怕不小心寶寶就流掉，我們都很小心翼翼。可是我們從來沒有那麼久沒做過愛，想做卻有心理障礙，請你給我一些建議吧！

Bobo

Bobo：

雖然許多女性和男性都擔心插入式性行為會導致流產，但是此一顧慮並無任何事實證據。只要你們的動作不過於激烈，就像往常一樣享受性生活，對胎兒不會有傷害。

女性的身體具有很強的適應能力，除非在性交過程中感到疼痛、出血或者出現其他體液流失等症狀，否則沒有任何理由讓妳放棄以往的性快樂。

不管妳的體形變得多麼笨拙，有愛就能找到辦法！許多女性發現懷孕更加激發了她們的性慾，她們由此進入一個全新更主動的階段，而且會一直延續到寶寶出生以後。

懷孕3個月的妳，可以試試下面這幾種做愛方法，這樣孕婦可以控制男性性器官進入的深度，調節所承受的重量：

1.女方在上。

2.男方在上，但是用手臂托住自己的重量。

3.兩人面對面，或是面向同一邊側躺，女方抬高上面的一條腿，用枕頭墊高。

4.男方從背後進入，孕婦雙手以及膝蓋著地借力。

事實上，只要是妳覺得舒服，什麼姿勢都可以。要注意的是，如果妳在懷孕期間因做愛而感到不適，或出現以下的現象，妳都應該立即暫停性生活，並徵詢醫生的意見：

1.妳或丈夫有性病。

2.做愛時或做愛後陰道出血。

3.性高潮引致子宮過度頻繁收縮。

4.在懷孕後期，如懷孕6個月後，被醫生判定為高危險孕婦。

5.妳的羊膜出現破裂現象。

如果妳真的很想過性生活，可以與醫生交流一下意見，以求放心，根本沒有必要忍受9個月的無性愛生活。

妮可兒

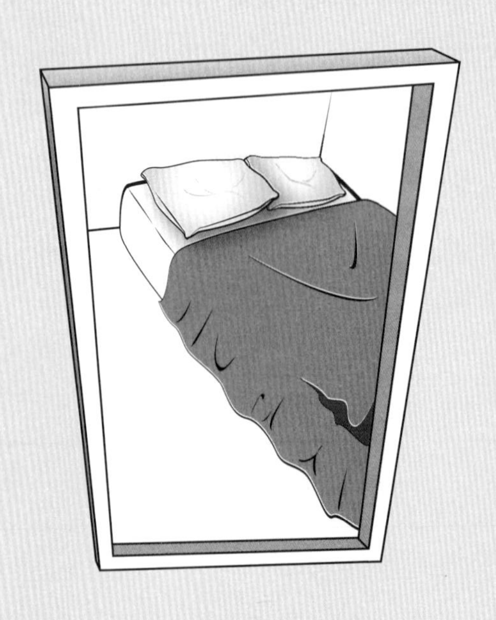

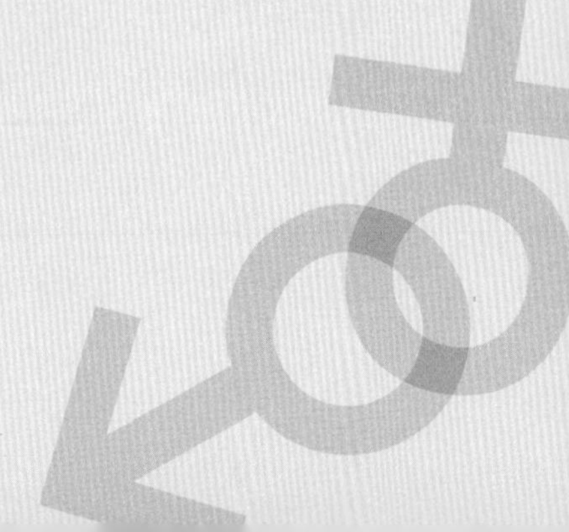

男孩想聽的19個祕密解答

褲襠煩憂

如何做愛做的事？
我是不是比人家小又不持久？
偏偏朋友都吹牛、A片胡亂教，
爸媽又都古板得讓人想撞牆！

19個男孩祕密解答，
回答你傷透腦筋的難堪問題。

01 射精不一定是高潮

妮可兒小姐：

我自認為自己有很棒的性能力，不僅陰莖的size像老外那樣大，而且硬度也夠，最令我感到自豪的是，我在性生活的時候會出人意料地持久！

不是我在自誇，做愛時的抽插時間，大約在40分鐘左右，而且我還可以不停地變換各種姿勢，這樣通常會讓對方得到一次甚至多次性高潮，而射精後，對方都會滿足地看著我並稱讚我。

雖然看起來，我的性生活似乎很美滿，但其中卻隱藏著一個大問題——因為我經常沒有高潮！我會因為時間太長而疲勞或者太熱，尤其會在對方得到滿足後，在毫無反應的情況下，突然地軟下來，但我根本沒達到高潮！

說句實話，有的時候我實在感到很尷尬，不得不裝出好像到了高潮一樣。為什麼射精不一定會有高潮呢？我該怎麼找回我的高潮？

天天

天天：

會提出這樣問題，相信你一定是鼓起很大的勇氣，在大部分男人都覺得射精就是高潮時，你還能真誠地檢閱自己，真的很棒！其實關於男人性高潮的本質，真的被男人和女人大大地誤解了。

人們大都認為，男人的性高潮就是射精。其實，射精不過是一陣肌肉痙攣，許多男人在這一瞬間，除了從肉體上感到痙攣顫搐之外，並未體驗到真正的激情和愉悅，所以射精不一定是達到性高潮的證明。

性高潮包含一系列的激情體驗，包括肉體的、心理的、精神的、情緒上的無限享受，許多男人有時或者經常會在射精時達到性高潮，但也有些男人射精時沒有任何高潮體驗，而只有射精而已。

對於這一事實，不僅女人不知道，就連男人自己也不明白。男人和女人之間又很少為了這種事而溝通。女方羞於啟齒，男方習以為常。在性生活中雙方頂多注意到身體的刺激、動作等，但心靈上卻處於麻木狀態。

所以建議天天，試著和女伴做溝通，找出彼此最契合的做愛方式，記住喔！不一定是持久和技巧好才能彼此滿足。溝通，才是邁向高潮的不二法門。

妮可兒

02 運動緩和性衝動

妮可兒小姐：

我是一位高二的學生，我在小六時就會自慰，一次大概10分鐘左右，之前我和我的女友炒飯，因為我們都是第一次，結果我不到5分鐘就出來了，這5分鐘還不包括前戲，請問我是不是早洩？怎麼樣才能延長做愛時間而不會那麼快射精？

我的弟弟未勃起前約7公分，勃起後約有13公分，以我的年紀來說，這樣的長度正常嗎？雖然同學間老愛比弟弟的大小，但是我都不太敢說出來，就是怕我的太小被人家笑。

另外，我很容易受到一點點刺激就勃起，這樣算性衝動嗎？有時我會在女生面前突然勃起，原因可能只是因為褲子被摩擦到，這樣會讓我很不好意思，有什麼方法可以克制不勃起？

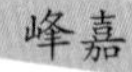

峰嘉

峰嘉：

早洩是男人常見的問題，尤其是年輕人，因為年輕人沒經驗，敏感早洩是正常的，大部分早洩的情形是插進陰道數秒後就射精，據美國的研究顯示大約是30秒，30秒以內射精就算早洩了，但是不是真的早洩，最好去找醫生認定。

台灣男性的陰莖，在疲軟狀態下的平均正常值為8至10公分，陰莖勃起後，長度12至16公分都算是正常的，所以你的長度算是很正常囉！別再擔心和朋友之間的大小會差太多啦！

青少年時期是性衝動增高的時期，這主要是受到性器官與其他生理器官的成熟以及荷爾蒙發展的影響。男生的性衝動和性慾也比女生更容易受圖片、電影或其他色情媒體所激發，所以因性衝動所引起的手淫與性行為都可能比女生多。

當男女雙方對彼此有好感時，兩人間會有一股衝動，想和對方牽手、擁抱、親吻，而隨著親密的身體接觸，便將引發性衝動。漸漸地如果發生深吻、撫摸對方的性感區等行為，身體便會產生一些變化，男生可能會有勃起的反應，女生的陰道分泌物則會增加。

如果想要克制自己的勃起，可以盡量轉移自己的注意力，或是藉由運動來緩衝性衝動。

妮可兒

03 心理正常卻勃起困難

妮可兒妳好：

我想問一個問題，我的性心理很正常，每當在做愛的時候，我都輕鬆、不緊張，和女友的做愛前戲氣氛也都很好，而且我是個很浪漫的人，每次都會放著浪漫的音樂，或是點精油香水蠟燭，使房間裡的氣氛絕佳。

雖然燈光好氣氛佳，也有個美麗女友，但是有個最大的問題，我每次都很難勃起！而且勃起後只要換個姿勢就軟下來了，有時軟下來後，女友都會溫柔地幫我口交，或是用別的方法想讓我硬起來，但不管用何種方式都沒辦法硬起，可是我心裡還是很想做愛。

對我來說，我勃起要花很大的勁，有點像超負載運動，或是非常激烈艱難的任務。我非常不理解我的情況，這是為什麼呢？我真的不想再讓女友每次都費勁地要幫我勃起！而且我才20多歲而已耶！怎麼會有這種問題呢？

阿憲

阿憲：

相信你一定對這個問題感到很困擾，那麼年輕就遇到這種惱人的問題，不過事實上，勃起困難並不全是中老年人才有的問題，現在也有很多年輕人跟你遇到相同的問題。

其實勃起困難的原因很多，主要分為心因性和器官性兩種。過去的觀念認為，約有半數患者的勃起困難是心因性因素所導致，但根據近年來的研究指出，器官性的原因佔了70%。

心因性的勃起困難，主要是由於心理或精神的障礙，致使勃起困難，如焦慮、緊張、憂鬱等。器官性的勃起困難，主要是因為器官功能發生障礙，以致於勃起困難，最常見的原因是血管疾病。此外如神經病變、男性荷爾蒙不足、攝護腺開刀等也可能造成這種問題，而男性勃起困難最主要的原因還是血管問題。

所以如果平時沒有勃起困難，只是性交時候才有，多半還是信心不足等心理因素的作用，如果平時也有勃起困難的話，原因就複雜了，想想自己有沒有腰部、會陰受傷的經歷？有沒有糖尿病或其他神經損害的疾病？有沒有生殖器發育異常？還有血管病變等因素，建議你還是到醫院詳細問診、檢查。

妮可兒

04 A片的迷思

妮可兒：

有些問題困擾我很久了。想要請問一下，我從年輕時就很喜歡看A片或A文，可是A片或A文裡提到某些男人的陰莖又粗又長，給他的女人帶來很大的快感，這是真的嗎？

請問女人真的喜歡大陰莖嗎？女人真的會在乎男人的陰莖大還是小嗎？還有做愛時間長一些真的就會帶來更多的快感嗎？A片裡的時間都是很久！我常看著A片男主角每次都可以維持一個小時，可是我自己卻無法維持那麼久，所以會感覺很自卑！

還有另一個我覺得很困惑的問題，女人真的能連續多次做愛而獲得多次快感嗎？A片裡也常上演一個女人不停地跟不同的男人做愛，而且每次都表現得像很爽的樣子，這是真的嗎？女人真的每次都會很爽嗎？

阿勇

阿勇：

很多人跟你一樣，都有這種A片的迷思，覺得一定要像A片男主角一樣，才叫「男人中的男人」！這真的是錯誤的觀念。其實陰莖大固然有一定的優勢，但能否獲得性滿足，不在大小，而在使用技巧上，僅僅陰莖大卻不懂得技巧，是不能使女方滿足的，可能還會搞得女方不舒服。所以你別盡信A片情節，千萬別對自己感到自卑。

而且性生活的滿足度並不完全由時間決定，還取決於其他諸多因素，如男方的性技巧、動作，及女方的心情是否愉快等；另外，如果男方的性交時間很長卻不能射精，那就變成痛苦的拉鋸戰了。

至於女人能不能有多次快感？其實女性在獲得持續、有效的刺激下，是具有連續獲得多次性高潮的能力喔！不過請記住，並非每個女人都喜歡一直不停地做愛，有些女人更重視心靈的交流，所以一定要跟另一半溝通好，才能給予對方更棒的性愛！

在這裡再給你一個建議：A片或A文只能作為娛樂或情人間的調劑之用，千萬不能把它當作教科書，因為有許多劇情實在是太離譜了，而且誇張到令人難以置信。其實這些男女主角都是有受過訓練的，而且A片呈現出來時有經過剪接，所以不是每個男主角都真的像超人一樣的喔！

妮可兒

05 女人不一定愛「粗、大、硬」

妮可兒：

我從小就從男性朋友的口中獲得一些訊息，就是男人的陰莖一定要粗、大、硬，這樣才稱得上是一個正港的男子漢！

但是最近聽到女性朋友談到這方面的事情時，她們卻說雖然男人的陰莖粗、大、硬是好事，但是這些粗、大、硬的男人老是弄痛她們，反而讓她們性趣全消！

我真的不是很清楚，在做愛時，男性陰莖太大的話，女生是否真的會不舒服？還是女生只是故意這樣說，心裡其實還是很愛那種粗、大、硬的男人。還有我勃起時有17.5公分，這樣算大嗎？有時我都會遭旁人異樣眼光，是我有病嗎？

小P

小P：

其實並不是全部的女性都喜歡粗、大、硬的男人喔！不過真的有女性常抱怨男性的陰莖太粗，性交時經常弄得疼痛不堪，但也有的女性是因為陰道口太窄小，甚至易造成陰道撕裂，因此速度節奏與韻律就顯得非常重要。

陰莖是否越大就越表示是正港男子漢呢？事實並非如此，國外曾有人因陰莖過大而必須動手術，由此可見，陰莖太長同樣會給人帶來難言的苦衷。也有人會因自己的陰莖太大，擔心女方承受不了，其實，這倒不必擔心，因為女性的陰道有很大的伸縮性。不過，陰莖過大者在做愛時應該注意，性交動作不能粗暴，陰莖插入陰道時也不宜過深，因為陰道長度大約為8至12公分，如動作粗暴，會引起陰道撕裂傷。陰莖過大也並非是好事，因為這可能是某種疾病的信號。例如，丘腦下部或腦垂體長腫瘤，或是大腦受傷、病毒性腦炎等原因，使得促性腺激素分泌過多；再如，睪丸發生病變，使得睪酮分泌過多，這些因素都會使陰莖發育時增長過多。因此，陰莖過大者，應警惕是否有上述疾病。

其實，無論是男性或女性，都不必為陰莖的大小而擔心，決定性樂趣的大小與否有很多因素，而不光只是因為陰莖的大小。所以一般人俗稱的「粗、大、硬」並不一定就是男子漢的特徵，反而做愛時的體貼和技巧性，才是女人的最愛喔！

妮可兒

06 強忍不射有害健康

妮可兒小姐：

我有個問題想要請問一下。我跟女友在嘿咻的時候，不太喜歡戴保險套，因為我很喜歡小弟弟在陰道裡的感覺，那種接觸和快感，總是令我飄飄欲仙，尤其是抽插的瞬間，更能讓我覺得把男子漢的威猛表現無遺。

可是最大的問題就是，我很怕女友會懷孕，所以在每次的嘿咻時，當快到達高潮要射精的時候，我大都會忍著不射精，請問忍著不射精還有可能會懷孕嗎？這樣忍著，對身體有什麼壞處嗎？

阿千

阿千：

一般人在性生活中都希望得到射精時的快感，但有的人出於某種原因（比如害怕懷孕、認為精液是人體精華等），在性交將達到高潮時強忍不射，甚至在性高潮前用手捏住陰莖使精液不能射出。這種強忍不射的做法其實是有害無益的，而且也無法百分之百避免受孕。

忍著不射精會使男女雙方都得不到性的滿足，因為忍精不射這種人為的干擾或控制，容易使性功能發生紊亂，忍精是通過大腦克制的，這種克制可產生抑制作用，容易讓人發生性功能障礙。有些人患有「不射精症」，就是因為強忍引起的。

至於，如果強行用手捏住使精液不能排出，精液往往會被迫向後方衝破膀胱內口進入膀胱，形成「逆行射精」。長期如此可能造成不育，還有可能會是多種性功能障礙或神經衰弱的根源。

所以，在性生活中，忍精不射是有害無益的，也無法達到避孕的效果，建議你最好還是戴保險套吧！兩個人還可以一起享受到達高潮射精的快感喔！

妮可兒

07 小弟弟蠢蠢欲動

妮可兒妳好：

我今年20歲，第一次跟女友做愛時，時間不到30秒就射精了。那時我想說第一次應該是沒經驗，所以那麼快就射精是正常的，但是我沒想到接下來第二次、第三次都一樣，都是30秒就射了。

我覺得在女友面前真是太丟臉了，之後我也不斷地跟朋友研究，或是從網路上找尋對策，看看有沒有什麼方法能讓我不會那麼快射，但總是沒有一個有效的方法。我這麼年輕怎麼也會有這種問題？還是因為沒戴保險套就會比較快射精呢？能不能教我有什麼方法可以不那麼快射精？

小中

小中：

早洩是所有性功能障礙中最令人困擾的，也是最常見的，很多台灣男性都身受早洩之苦。早洩的主要問題是「射精太快」，嚴重者甚至插入陰道前就已經射精了，但大部分早洩的情形是插進陰道數秒後射精。據美國的研究大約是30秒，30秒以內射精就算早洩了。

早洩的原因包括了生理和心理方面。生理原因例如攝護腺異常、生殖器官發炎等；心理原因可能由於早期的性經驗，或是在性活動時有焦慮的情緒等等。

解決早洩最簡單的方法是運用互動式的「擠壓技巧」，此方法需要兩性一起參與，女性必須用特殊的擠壓技巧與力道，在男性快射精的早期，用手去擠壓陰莖。「擠壓技巧」步驟如下：將一手大拇指按在陰莖的繫帶上、食指放在另一面陰莖的最頂端、中指平行放在食指下，然後用力擠壓陰莖約4至5秒再完全放鬆。該注意的是，在擠壓的時候，力量要從前到後。

另外，射精的控制也有另一種訓練方法。訓練的方法很簡單，就是在早上上廁所時，先下壓早上勃起的陰莖，在陰莖萎縮之後開始「禁尿」訓練。所謂「禁尿」訓練是在尿要出來時將尿禁住，禁住後排出，重複幾次。只要每天做這個練習，就可以控制射精了。

祝小中有個愉快的性生活。

妮可兒

08 偷媽媽內褲打手槍

妮可兒小姐：

不知道為什麼我每天腦海中都想著跟女生做愛、想要去看一些A片，我經常自慰，時間大都是1個禮拜1次，或是2個禮拜3次，不過，每次都不到10分鐘就會射精了。

我在想，如果將來我結婚的話，會不會影響我的生育能力呢？我會不會變得容易早洩啊？

還有一個問題，我有時想自慰的時候，都會去偷我媽的內褲套住我的陰莖，可是當我自慰完了之後，就會有一種罪惡感，我知道這樣是不對的，可是卻會有不一樣的快感耶！有什麼樣的辦法可以讓我改掉這樣變態的行為啊？

一個不知羞恥的人　鋼鐵男子留

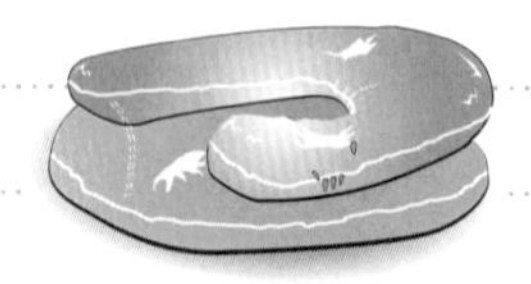

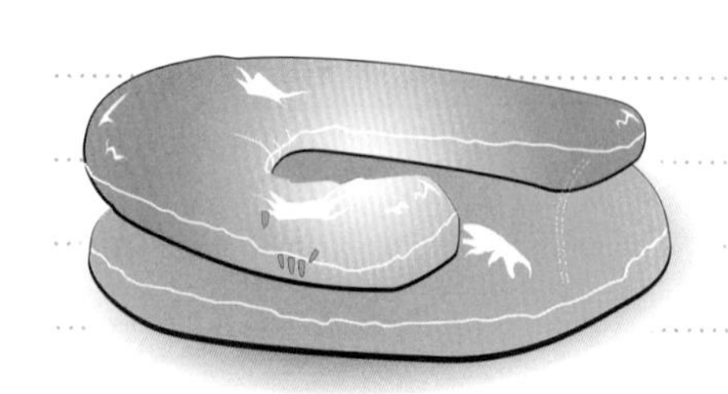

鋼鐵男子：

自慰是許多男性常有的現象，而男性在自慰時大都需要一些輔助，例如看A片、情色照片，或是幻想跟某人做愛等等，才能達成快感。

目前，暫時未有醫學上的研究證明自慰對身體有害，適度的自慰對長期沒有性生活的人來講，對性能力也是一種良性的刺激，它的無害與有害是相對而言的。不少有自慰行為的人都有罪惡感，特別是年輕人染上自慰的習慣之後，往往後悔不已、惶惶不可終日、心理負擔很重，這是完全沒有必要的。

不過要注意的是，有研究指出，自慰往往導致人對性行為更加渴望，更有研究指出自慰可能引致日後性生活的失調，因為如果人在年少時的自慰習慣是傾向匆匆達致高潮，這種模式將引致日後早洩的現象。

至於，你喜歡拿媽媽的內褲來做為自慰的輔助工具，這也許是每個人的偏好不太一樣，但如果你真的覺得有罪惡感，以後可以試著拿別的東西來輔助，也許可以去情色專賣店買一些情色用品，相信一定也會給你不同的快感，並能減低你的罪惡感。

妮可兒

09 運動是男人性愛加油站

妮可兒小姐：

我覺得我跟女友做愛的時間很短，有時不到5分鐘就射了，為了不讓自己那麼快射，我實在是想盡了方法，但是不管是心理建設或是吃補藥，似乎一點兒用也沒有，覺得很氣餒。

但是最近聽到一個新的方法，朋友說他每次運動完後再做愛，會比較持久，不管是跑步、游泳或打球，做愛的時候都能保持15分鐘以上，請問這是真的嗎？真的是運動的關係讓小弟弟保持那麼久的衝勁？如果是真的，那我就要好好運動了！

阿彬

阿彬：

運動完做愛真的會比較持久喔！一般來講，只要每週運動2至4次，每次持續時間在30至45分鐘，運動心率控制在每分鐘100至124次之間，必定會在性生活中享受到極大的愉悅。

美國性醫學專家通過多年的追蹤調查證實，適當的體育運動可大大地改善性生活的質量和樂趣，不僅可以減少陽痿的發生，而且可使性慾明顯增強。人們對參加運動和不參加運動的兩組男人作了對比，發現每週進行2次健身、跑步或打網球的男人，所獲得的性生活愉悅感，比不參加任何健身運動的男性要高。

其中，80%經常運動的男性表示，自從每週有2至3次的運動鍛鍊後，不僅性生活方面的自信心大增，性行為變得更加積極，運動增強腹部、臀部的肌肉彈性，讓做愛比以前更加容易使女方達到高潮，又由於力量與速度的均衡保持，對自身控制力也大大加強，自身的性快感時間也會明顯延長，這些對增進性生活快感非常有益。

體育專家的研究說明，適量的健身運動之所以能為人們的性愛愉悅帶來幫助，是因為它可調節人體植物神經的機能、改善內分泌系統，促使腦垂體分泌激素的功能得到明顯的改善，從而使體內雄性激素、睾丸酮含量增多，性慾大大增強。

所以運動真的是男人的性能力加油站喔！

妮可兒

10 男生為什麼有乳溝

妮可兒：

自從國二時上過游泳課後，我發現我跟一般的男生沒什麼差別，只是胸部有點大。剛開始我不以為意，直到現在高三了，在洗澡時，我輕輕把胸部「由外往內擠」，竟然發現自己有乳溝。在學校時，班上同學上完體育課都會把上衣脫掉，展現他們的胸肌，這時女生看到後都會尖叫，我卻在一旁感到自卑。

我在想，我的胸部跟女人差不多，搞不好也有A或B罩杯，我是不是得了「巨乳症」？是否要去看醫生？那是要看哪一方面的醫生呢？或者還是要開刀？請你替我解答吧！我現在都不敢去游泳，也不敢在別人面前把上衣脫掉了。

Jack

Jack：

男性身上長的應該是退化的乳房，萬一男性的乳房像女性一樣膨脹隆起，這種情況就稱為「男性女乳症」，而不是巨乳症喔！青春期的男性約75%左右，會出現各種不同程度的男性女乳症，但其中3/4在18歲之後會自動消失，少數則持續下去。

男性一生中，有3個時期常會有女乳症的現象，這包括新生兒時期、青春期及老年時期，這些都與女性激素／男性激素的比例上升有關；而且生理性男性女乳症大部分會自然消退，並不會有太大問題。大部分的男性女乳症是不需要治療的，除非已找出病因或是因特殊理由，如疼痛、美觀及心理因素，足以影響病人的生活或社交活動等。

常用的治療方式有藥物治療及外科手術兩種。使用藥物治療男性女乳症，不外乎由增加男性激素或減少女性激素著手；至於外科手術則包括乳腺切除手術、抽脂術、先抽脂再切除乳腺，與縮乳手術等。

如果你還不確定自己是否有此症，應該先找醫師做詳細的評估，可以先找家庭醫學科，然後根據病人本身的狀況選擇定期追蹤檢查，亦即暫時不治療，或選擇最適當的藥物或手術治療方式。

妮可兒

找不到女友G點

妮可兒小姐：

我跟我女朋友做愛的時候，當我賣力演出時，卻覺得好像都沒給她高潮的感覺，我會對她有點愧疚感，因此會更賣力，但是有時正當她很舒服的時候，我卻想射了，這讓我相當懊惱！

到底我要怎樣，她才有高潮的感覺？聽朋友或書上說，女人的身上有一個「G點」，是可以讓女人很快到達高潮的「key」，我想找她的G點，但怎麼找都找不到，到底要怎樣才找得到呢？

而女人的高潮到底是怎樣的呢？我很想讓女友每次都有高潮，這樣她舒服，我也很快樂！

悠

悠：

西方的性學研究先驅通過大量的實驗室觀察，總結出女性的性高潮反應：它主要表現為陰道下三分之一肌肉、子宮、肛門括約肌的節律性收縮；一般有3至5次收縮，強烈的性高潮可有10次以上的節律性收縮；全身肌肉也會出現抽搐、顫動，呼吸變得十分急促，同時會發出滿足的呻吟聲。

而G點的大小存在個體差異，一般約有硬幣大小。用食指或食、中指在陰道前壁尿道兩側進行撫摸刺激，可以證實G點的存在，如果用另一隻手在恥骨上方施加壓力，常會有所幫助。此時女方可能會有尿意感，但這種感覺將很快消失，並轉變為性愛情趣的感覺。這時G點區域開始變得堅實，但尚未連成一片，當繼續對G點施以刺激時，它將變得像橡膠一樣堅實，摸上去的感覺特別像前列腺組織。

有些女子本身在性高潮中，會有一種失控感，表現為呻吟不安或高聲尖叫；有的會不斷抓咬被褥、枕頭或性伴侶的軀體等等。

但其實可以不用過於執著於高潮的字面，只要在性生活中覺得愉快、滿足，這就可以理解為性高潮了。畢竟，愉快、滿足是我們之所以享受性生活的原因，不必過於在意身體是否一定出現上述表現。相信你體貼的表現，比女人得到高潮更重要！

妮可兒

12 蛋蛋會酸痛

妮可兒小姐：

小弟今年48歲，想請問一個問題，那就是如果弟弟硬太久，或炒飯太久，或是連續射兩次以上時，過後我的蛋蛋都會很酸痛，這是為什麼？

因為有時我和小老婆在炒飯時，我都會硬很久，大概一個多小時，而且跟小老婆在做愛時，我都會盡力表現，所以跟她在做愛時，都會做很久很久，有時甚至一個晚上會來兩次，不過之後我的蛋蛋都會酸酸的，我都不敢把這種症狀跟別人說，怕別人笑我沒用，所以想請問妳為什麼會這樣？這是警訊嗎？

Tan

Tan：

對某些男人來說，能挺久一點是他們夢寐以求的目標，有些人還會用挺起的時間長短來作比較，但其實挺得太久反而會令人無福消受，因為陰莖勃起太久而沒有消退，不但會令你享受不到性的歡愉，還會令你覺得痛苦不堪。注射治療性無能的藥物或罹患血液病都會造成這種情況。

如果陰莖勃起太久超過4個小時，稱為「陰莖異常勃起」，應找專科醫生診治，不要因為怕羞而延誤治療。如陰莖持續腫大、疼痛、質硬、顏色變灰，需盡快到醫院緊急處理，不然的話，時間拖太久會引起陰莖組織缺血壞死，影響治療效果。

至於睪丸會酸痛，可能是前列腺有病變。前列腺較常見的疾病有前列腺炎、前列腺癌及前列腺肥大。前列腺炎好發於30至50歲，屬於性生活頻繁的年齡層，所以對性功能的影響就比較明顯。在急性前列腺炎時，會有全身發冷、發燒、局部劇痛等症狀，此時是不會有性功能方面的困擾，因為一勃起就會疼痛，也不會有性趣了；但在慢性前列腺發炎時，就比較容易引起各種性功能的問題。

慢性前列腺炎的症狀，一般是陰莖、尿道或龜頭疼痛及異物存在的感覺，會陰部及陰囊、睾丸酸痛，尿道口有分泌物，也常有小腹及下背痛，有時疼痛會延伸至大腿及膝蓋的內側。建議提早請找醫生診治，以免延誤治療。

妮可兒

13 陰莖骨折

妮可兒小姐:

我女友是一個性慾很強的人，每次在做愛的時候，我跟她的動作都很激烈，各種體位都超激烈，好像不激烈，我們就達不到高潮，也許是我們很年輕，所以也很享受激烈的快感！

但是有一次，因為動作過於激烈，我的小弟弟不小心受傷了，在做愛的過程中，突然被折了一下，當時雖然很痛很痛，但也沒去看醫生，一直到現在，每次我在做那件事的時候，小弟弟都會隱隱作痛。

更奇怪的是，我戴套子做時，每次射精後，都會發現保險套裡有血跡，我該怎麼辦？我曾去看過一次醫生，那個蒙古大夫竟然說我可能中標了，怎麼可能呢？我又沒去嫖妓怎麼中標！？不過可能是我不好意思把受傷的過程跟醫生說吧！現在我該怎麼做呢？我的小弟弟以後會不會不能用了呢？

德

德：

男人的小弟弟就像是命根子一樣，如果不小心受傷了，可是很麻煩的，所以在享受「激烈」性愛時，還是得保護一下喔！看你描述受傷的情況，我想你的狀況有可能是輕微的陰莖骨折。聽到陰莖骨折可別嚇壞了，因為你的情況可能只是輕微的而已。

男性的陰莖在沒有勃起時，是一個柔軟的器官，不會發生折斷的問題，但是在陰莖硬起來的時候，陰莖骨折就是可能發生的事。會發生陰莖折斷的情況，多半是在性行為的時候，由於過度激烈或採取特殊角度、體位而造成。陰莖內有海綿體的構造，當陰莖勃起時，會有大量血液注入海綿體，就好像是一個小小的氣球被吹漲起來，在此種情況下，如果突然受到外力影響，造成陰莖海綿體破裂，就會發生陰莖骨折的問題。

當陰莖折斷時，除了感到有局部劇痛之外，也可能會聽到類似「啪」一聲的清脆爆裂聲，之後男性的陰莖就會出現瘀血、腫脹的現象，整個陰莖變得又腫又大，這是因為陰莖海綿體破裂之後，陰莖海綿體內的血液流出，造成內出血的現象。所以你的情況應該只是輕微的陰莖骨折，但實際情況建議還是找泌尿科醫師做詳細的評估，千萬不要不好意思喔！這樣才能減少後遺症發生。

妮可兒

14 精液中果凍固體

妮可兒你好：

我今年24歲，近來當我跟女友做愛後，我女友發現我精液中有果凍般的固體狀，第一次看到時覺得很奇怪，原本以為是那天吃了些怪東西，可是後來第二次、第三次，還是發現有果凍般的固體狀，就開始覺得不妙，擔心會不會是我的身體出現什麼問題了，那到底是怎麼回事呢？而且我小便時都有帶泡泡，那是不是精氣不足的現象呢？請你回答我的問題吧！謝謝。

老K仔

老K仔：

想必你的女友是個很體貼的人喔！竟然這麼細微的地方都有幫你注意到，不過你不用太擔心啦！這些像果凍般的固體狀，只是凝固了的蛋白質，沒有什麼害處的。而且年輕人身體比較好，射出的精液會比較濃，會帶有近於固體的白色膠質凝結物屬正常，對身體健康並無影響。因為精液排出接觸空氣後會呈凝膠狀，具有高度的黏稠性，要待20至30分鐘後才會變化。

至於小便時有泡泡，是因為正常的尿液中含有各種含氮廢物及礦物質，同時它的濃度隨個人喝水量的多寡而有差別。水喝得較少的人，尿的濃度高，比較容易有泡泡；早上的第一泡尿，也比較容易有泡泡。所以，小便有泡泡可說是正常的。

但是，有時身體狀況有問題時，會使尿液的濃度增加，也會使小便中的泡泡增加。如：腎功能有問題時，尿蛋白增加；有膽道疾病或溶血性疾病時，尿中的膽紅素增加；泌尿道感染時，尿中的白血球增加；這些都可能使小便的濃度增加，會有較多的泡泡，且泡泡存在較久。

所以，以小便有沒有泡泡來確定或擔心自己是不是精氣不足，是沒有什麼道理的！但是，當自己喝的水夠多，仍在小便中出現多量的泡沫，且這些泡沫存在較久，並合併有其他的身體異狀時，就必須找醫師檢查討論一下了！

妮可兒

15 男人入珠

妮可兒：

很久以前陳進興被抓到時，報紙上說他有「入珠」，那時我對入珠感到很好奇，但是我不敢問家人那是什麼，後來聽同學說那是「男子漢的象徵」！雖然我不是很清楚，但總覺得很屌的感覺，後來有一些朋友混到黑道幫派之後也去入珠，聽他們講就是一副男子漢的樣子。

我最近被人推銷入珠，那個人一直跟我說入珠可以增強性能力，也能使女人欲生欲死，因為我一直覺得自己好像不能很強，也不能讓女人欲生欲死，所以就想去嘗試看看，只是不知道入珠到底有沒有用？又聽過什麼活珠、死珠的，那是什麼意思？入珠有沒有什麼後遺症呢？

阿勇

阿勇：

所謂入珠，簡單地說，就是將珠子植入男性陰莖皮下組織，其傷口癒合，勃起時，凸出於陰莖表面。至於，坊間謠傳男人陰莖入珠可增強男性雄風，在醫學上並沒有根據。

所謂「活珠」是指植入後，珠子能夠在皮下組織有一定的活動跑道，在男女性歡愉時，珠子就像鐘擺般在陰莖內撥動；「死珠」就是固定於陰莖皮下組織者，當男女性愛時，在男性的陽具抽送之間，直接磨擦陰道壁。

男人入珠，無非是想增大陰莖尺寸，或以摩擦行為間接增加女性伴侶的快感，不過這都是男人單方面的想法，女性朋友未必要從「大」，甚至是痛，才能得到快感與「性」福。倒是有醫師提醒，有因入珠或陰莖注入矽化物導致勃起異常疼痛，差點喪失性能力的病例，許多案例是年輕人為了好奇、追求刺激，在入珠後陰莖發炎、疼痛，或不舒服而到醫院取出的。

如果入珠或注入矽化物不當，會傷害陰莖白膜，而嚴重影響性功能，最好別輕易嘗試。報上曾有過一個例子，一位30多歲的男子在陰莖上裝了一圈瑪瑙，結果弄到皮爛流膿，幾經治療後還留下陰莖彎曲後遺症，讓他悔不當初。所以在入珠前，真的要想清楚啊！

妮可兒

16 精液變稀不是病

妮可兒：

我是一名23歲的男生，已經學會自慰好幾年了。最近，我發現我的精液很稀，沒有以前多，而且精液裡有黏稠的疙瘩物體，我非常擔心，請問這會影響身體嗎？

還有一個問題請教，我現在有一個女友，在一起時常有性生活。每次見到她我都有性衝動，會馬上勃起，可是當脫下衣服開始插入的時候，我卻會軟了，自己得再想辦法硬起來後插入，可是如果不快點抽動又會軟下去。有時我會在不太硬的情況下就進行性交，卻怎麼也硬不起來，可是晚上我獨自一人時，勃起的時候卻又很硬很硬，時間還很長，為什麼真正性交的時候卻硬不起來呢？我剛有性生活的時候並沒有這種情況，後來做愛一天射一兩回，連著2個星期，從這以後開始發生這種情況了，請問這是怎麼回事！

阿杰

阿杰：

有不少男性在性生活中，對於精液排量過多，或精液排量過少，心裡感到十分擔心，甚至以為疾病已至，而惶惶不可終日。性生活中精液排量的多少和男性身體健康到底有什麼關係呢？

一個健康的成熟的男性，每次精液的排出量一般為2至6毫升。但在以下兩種情況下可能發生精液過少的現象：一是有些男性青年，為了發洩性慾，手淫頻繁；二是性生活過頻，連續幾天或1天幾次泄精，排精次數過多。男性排精後，一般過1至2天即可補充正常，但如果泄精過頻，就會出現「供不應求」的匱乏局面，每次排出的精液量，自然就減少了。上述兩種情況引起的精液過少，不是疾病，不必焦慮，只要延長排精的間隔時間，即可自癒。

當發現精液排量過少時，你可以自己進行測定，即有意識地禁慾5至7天，在此期間，不思性事、不行房事。之後再排1次精，如果精液量明顯增加，便可排除生殖器官有疾病的疑點。如果情況照舊或排量更少，那則可能染有病理性排精過少症之嫌，應去就醫確診後治療。 至於勃起障礙，像無法勃起、不能堅硬或持久的問題，許多人都有同樣症狀，但大多是心理原因，如緊張、焦慮、沮喪、壓抑、憤怒、憂鬱、壓力過度、雙方感情欠佳……，都是需要尋找的起因。如果能跟對方好好地溝通，相信一定能找到真正的答案喔！

妮可兒

17 站著做愛

妮可兒：

我跟我老婆結婚大概5、6年，之前我們又談戀愛談了快5年，所以我們已經相處差不多10年了。這10年來我們之間的性事一直很合，性生活也很美滿，不管是哪種體位，我們幾乎都試過了，而我老婆也很配合我的喜好，所以我們對彼此一直感到很滿意。

只是不知道為什麼，最近我對於在床上做感到有點意興闌珊，甚至有點提不勁來，我老婆很體貼地提出在廚房做，可是我卻拒絕了，因為我有點小潔癖，無法忍受廚房的油膩感，所以就算了。想請問你有什麼好主意嗎？對於像我這種在床上做久了、缺乏新鮮感的人，該怎麼辦？

阿坤

阿坤：

如果只是因為缺乏新鮮感的話，不如我們離開床，讓我們站立做愛！採用這種方式時，男方可以抱著女方的腰，女方陰道對著男方的陰莖，然後主要由男方進行插動。

用這種方式做愛時，因為男方要用不少力量抱著女方，心理和力量都要很集中。對於男人來說，做愛時陰莖的插動本來就需要很高的注意力，注意力的分散會導致男人對做愛程序的控制力減弱，所以可能會造成做愛過程不順利。

另外，男方抱著女方的腰，女方身體朝下，這樣做，由於血液的倒流和男方陰莖的插動、刺激和性快感的混合，女人會感覺飄飄欲仙。

也可以採用正面站立作愛，男女雙方都面對面站立，男方將陰莖插入女方的陰道。這種方式有一定的難度，主要是一來男人較難將陰莖插入女人的陰道，二來就算陰莖插入後，也比較難控制在陰道中的插動。所以採用這種方式時，女人應當稍微膝蓋彎曲、雙腿分開，讓男人的陰莖更加容易插入陰道。而男人不要不顧一切地將陰莖猛插，只顧快活，而是要不斷地調整自己的姿勢，要不然陰莖不小心從陰道中滑了出來，那就麻煩了。

妮可兒

18 運動後遺精

妮可兒：

　　我是一個25歲的未婚男子，我了解男性會有夢遺的情況，也知道那算是正常的，可是我有一個比較特別的問題，也一直覺得有點怪怪的不太敢跟別人提起，就是每當我做比較劇烈運動後的當晚，往往就發生遺精。這是不是病態？有什麼方法可以防治？

阿泰

阿泰：

年輕人運動強度大時就遺精的原因，一是由於人的性功能是一個複雜的生理過程，是受神經和內分泌系統的活動控制。當運動強度大引起過度疲勞後，特別是在進入睡眠時，大腦皮層抑制作用增強，失去對低級中樞的控制，而勃起中樞和射精中樞的興奮性增強，這時也會發生遺精。

另一個原因是由於運動後流經睾丸、前列腺、精囊等處的血液增加，致使睾丸產生的精子和前列腺產生的前列腺液增多，精液多了，就必然遺精。

運動時，一些人喜歡穿著緊身運動褲，由於疲勞和運動器械的摩擦，也會導致遺精；而有的年輕人對性比較敏感，運動中在做某種動作時，會發生性聯想，從而引起性衝動，可能也是原因之一。由此可以看出，大多數人運動後遺精屬於正常現象，不必有所擔憂和顧慮。遺精次數在運動後稍有增加，對身體也不會造成損害。

如果每次運動後都遺精，可先調整一下運動量，避免過度疲勞，看是否能夠減輕症狀。如果以上措施都無明顯效果，遺精仍舊頻繁，就應該到醫院查明原因，進行對症治療。

妮可兒

19 女友性交困難

妮可兒小姐：

我跟我女友在做愛時，她都會說很痛，可是我的前戲都做得很久，在那之中也讓她有過高潮2、3次，而且等到她很濕的時候我才會進入，進入時我也是很慢很慢地進入，進入的同時我也仍一邊愛撫著她，但是她還是說很痛！

請問，是不是我的前戲都拖太長了？因為我每次前戲幾乎都會做一個多小時，讓她太累了，還是因為在前戲中我都會愛撫她的陰蒂，讓她達到高潮2、3次，她已經滿足了，所以在性交中她才會痛？

陰道大小有差嗎？我看書上寫的，要等女性陰道濕潤之後性交，這樣女性才不會疼痛，那陰道濕潤的定義要怎麼區分呢？都已經流出很多了，那陰道也是濕的嗎？我的也不是說很大很粗，但是她就是會痛……。到底是怎麼回事呢？

PP

PP：

產生性交疼痛的原因很多。有可能是器官原因引起的性交疼痛，也有可能是心理因素所致。一般說來，如果發生性交疼痛，首先應該尋找和排除器官性的因素，也就是說，看看自己是不是有某些局部或全身性的疾病引起的性交疼痛，從而能對症下藥。

不少器官性的因素都可能產生性交疼痛。比如，生殖道畸形、處女膜肥厚或閉鎖、陰道口先天性狹窄、子宮後傾、卵巢囊腫、子宮內膜炎、盆腔炎等慢性感染或子宮內膜異位症等疾病。另外，會陰及陰部的損傷、陰蒂包頭炎等疾病，也常常是性交時陰道疼痛的原因。

男方的陰莖大，不會引起女方的性交疼痛。因為女性的陰道是一個非常有彈力的肌肉器官，連胎兒都可以從女性陰道順利通過，可見陰道所具有的伸展潛能非常之大。

除了上述的原因外，可能還會有些心理因素，包括社會環境、宗教信仰等所進行的不恰當的性教育，或痛苦的記憶在大腦中留下了深刻的印象，例如：女孩時期被強姦，或第一次性生活時男方動作粗暴等等，其實女性性交困難原因是複雜的、多方面的，所以要使雙方的性生活更和諧，就要互相體諒、慢慢適應，經過努力，就會消除疼痛，性生活會更美滿。加油！

妮可兒

青少年困惑的15個性疑問

青澀盪鞦韆

第一次到底怎麼做？
處女膜這樣會不會破呢？

你並非年紀小，只是正在長大，
面對正在成長中的改變，
15個青少年疑惑問題集，
幫助你走過困窘的青澀年華。

01 乳暈顏色與性經驗

妮可兒小姐：

我和女朋友交往已經一段時間，但我對她的過去不太了解，她對我說以前只有一個男朋友，性生活不算多。剛開始交往沒多久，我們發生了第一次性行為，我發現她很主動，給我的感覺是「老手」，而且她的乳房非常鬆弛，一直鬆弛到腋下的方向去，很明顯是被人搓弄得太久，而且乳頭的顏色偏黑，不知道是不是被其他人吸吮太多次。

我想冒味地請教您一些關於女人的問題：

1. 女人的乳頭愈黑和乳暈愈深是否代表做愛次數愈多？
2. 女人大屁股是代表生過小孩嗎？
3. 女人乳頭從中分一半，代表何意義？代表有分泌乳汁嗎？
4. 未懷孕過的女人會分泌乳汁嗎？

究竟她有沒有欺騙我呢？因為我太在乎她了，愈想只會愈難受，請你給我一個答案，令我不要胡思亂想，謝謝。

純情遭騙婚男

純情遭騙婚男：

看來你對女人的乳房真的一點都不熟悉喔！其實女人的乳頭顏色深淺跟做愛次數是沒有關係的，是跟女人體內的內分泌及黑色素有關唷！含黑色素愈多的人，乳頭和乳暈當然就愈黑愈深啦！而乳暈上常有的小疙瘩是分泌油性潤膚液的腺體，就是你所指的「從中分一半」的形狀，這也是乳汁的出處，女性通常就是要靠這油性潤膚液的腺體來方便供應乳汁。

一般未懷孕的女人是不會分泌乳汁的，如果有乳汁的現象可能是出現了「乳腺炎」的症狀，如果有這種症狀的女人一定要盡快就醫，不然可能會引發淋巴腺炎，最後可能導致乳癌。

至於女人大屁股是不是生過小孩這點，真的就因人而異了。懷孕過的女人因為盆骨受到嬰孩的擠壓，可能會產生變形，所以剛生產後屁股看起來會有點大，不過這都可能會復原的。女人屁股大小是受到本身體型的影響，跟生過小孩是沒有太大的關係。而且大部分東方女生的體型就是屁股會大一點，所以不要看女生的屁股大一點就說人家生過小孩喔！這可是會讓許多女生很難過的。

妮可兒

包皮過長應盡早就醫

妮可兒小姐：

我今年21歲，是個學生，還未交過女友，可是我常把玩自己的生殖器，可能是好奇吧！也可能是我很愛打手槍。最近我發現我的生殖器勃起時龜頭只露出一點，請問這算是包皮過長嗎？怎樣才算是包皮過長？如果包皮過長會影響性慾嗎？因為我不想割包皮，所以這個問題對我來說很重要！

還有，聽長輩說一個星期打手槍超過4次，以後老了會不舉，是真的嗎？這種說法真的是很嚇人！可是不打手槍，想要時怎麼辦？忍著也很痛苦耶！

冰淇淋

冰淇淋：

當包皮的長度覆蓋了整個龜頭及尿道口時，就叫做包皮過長。單純的包皮過長，在勃起或用手將包皮往後推時，可以輕易露出整個龜頭，倘若因為包皮前端有窄環或有發炎黏連的狀況，導致無法將整個龜頭翻出時就叫包莖，換句話說包莖是嚴重型的包皮過長，在這種情況下，龜頭、尿道口的局部清潔就會有問題。包皮過長會引致早洩、性交時陰莖扯緊、痛楚及傳播病菌等，最佳的補救方法就是及早切除過長的包皮。

如果不能確定包皮是否過長，最好能早日到醫生處檢查。建議你還是找醫生，因為這樣詢問我，或是跟朋友比較都是很難說的，如果覺得不安心，找醫生檢查最妥當了。

至於打手槍的問題，其實絕大多數的人都有過自慰，除非用非常粗糙或暴力的方法，否則自慰並不會造成任何生理傷害，只要不影響健康及日常生活，都是正常的。

不過，過度的自慰，就會影響日常生活及健康。至於如何判斷自己自慰適不適度？當從事自慰行為時，感覺身心很舒展，精神很暢快，增加了讀書或工作效率，那就是適度的表現。至於自慰太多導致不舉是沒有醫學根據的，自慰次數的多寡不影響將來的性功能，但也請你適可而止喔！

妮可兒

03 國小開始打手槍

妮可兒小姐：

想請問一個問題，聽說男生如果從國小五年級開始打手槍，陰莖好像會長不大，是真的嗎？

那正常男性要有多長呢？我觀察過其他朋友的小弟弟，都比我大得多，究竟體重和身高與小弟弟的長度有沒有關係呢？

而且，要怎樣才能讓陰莖變長變粗？我看了很多電視廣告，都有一些能使陰莖變粗變長的用品，那些東西真的有用嗎？我每次在看時都覺得好像真的很神奇，真的很想買回來用用看，因為我實在太在乎弟弟的大小了。

打槍男

打槍男：

其實男生打手槍跟陰莖大小沒有非常直接的關係。一般來說，偶爾有手淫的人，會有較好的自控能力，每月手淫1至2次，並不會有礙健康。因手淫一次的能量消耗，和百米賽跑差不多，排出精液中微乎其微的營養物質，對身體健康毫不構成威脅，且人體會很快地補充分泌。所以陰莖大小跟打手槍是沒有關係的。

而正常陰莖的標準是多少？台灣男性平均陰莖長度在疲軟狀態下的正常值為8至10公分。因為陰莖在疲軟狀態下變化較大，如緊張、疲乏、寒冷時陰莖會相對縮短，而在充分勃起後大小相對衡定不變，所以陰莖充分勃起時為測量的最佳時機。陰莖勃起後，長度12至16公分是正常的。用拇指和食指夾住陰莖頭的冠狀溝處，用尺稍用力頂住陰莖根部的恥骨聯合處，測量陰莖頭（尿道外口）至根部的長度，得出的結果就是陰莖的長度。

如果你的長度是在標準數據之內，就不用再想辦法變長變粗了，如果你的長度低於標準數據，想要增長就得靠手術，這就得親自去洽詢醫生。千萬別相信一些不實的廣告，現在太多這種陰莖增大的產品，都是利用電視宣傳，搞得好像真有效果的樣子，建議你還是別亂用，洽詢醫生比較實在喔！

妮可兒

04 穿囊袋內褲覺得滿足

妮可兒小姐：

我今年14歲，我們同學間都會討論大小的問題，同學們常說他們的很大很大，一副很屌的樣子，後來我自己量，發現有時候陰莖勃起時長8、9公分，請問這樣的長度正不正常？我實在很擔心自己弟弟太小，在別人面前一副很「俗辣」的樣子。

還有，我有一種嗜好，我會花錢去買一些內褲，而且大部分都是大人的內褲。我才14歲，家裡的三角褲和四角褲就有20多件，有時候我還會去買囊袋型內褲，因為我在穿囊袋型內褲的時候都會很有滿足感，自己的弟弟看起來就很大、很屌的樣子，看了自己也會覺得很爽，不知道我這樣正不正常呢？我的好朋友都說我有病！

阿弟

阿弟：

你今年才14歲，正屬於青春發展的時期，所以有個觀念要先讓你知道一下，男人的陰莖是會隨著體型的增長而改變。例如國小的小男生陰莖可能會和30歲成人的陰莖一樣大嗎？答案當然是不可能的。所以你問我你的長度算不算正常，我實在很難回答，因為我相信在你這個年紀，只要多多運動、補充適當的營養，身材體型和陰莖都有再成長的空間，等你到了成年後，一定會有令你滿意的size喔！

至於你喜歡購買內褲和喜愛穿囊袋型內褲，這並沒有什麼不正常的。朋友跟你說你有病，應該是跟你開玩笑的，別放在心上。其實這些購買的慾望和女生愛買內衣褲是一樣的道理，純粹只是私人偏好而已。

囊袋型內褲，簡單地說，就是在一般的男性內褲上面多加了一個適合陰囊放置的獨立空間──「囊袋」。此類型內褲，在男性下體部位，有一特製囊袋設計，除了提供男性朋友在穿著內褲時，感覺更舒適外，長期穿著時，還能預防疾病發生，所以其實現在有愈來愈多的男性喜歡穿這類型的內褲，這並不是只有你才有的特殊喜好喔！

妮可兒

05 初次做愛痛得受不了

妮可兒小姐：

我是個剛滿18歲的女生，有1個交往不到2個月的男朋友。最近我跟我男友一直想嘗試第一次，原本以為和喜歡的人做那檔事，會是非常愉快的經驗，可是不知為何，可能是我太怕痛吧！所以每次只要進去一點點（大約1公分左右），我就痛得快受不了，接下來就沒有繼續「突破」了。但是用手指（1隻）就很好進去耶！

請問一下我該怎麼辦呢？整個過程中，我都是聽我男朋友的話，而且有一點小緊張，雖然我有放輕鬆，但就是會很痛，我有點害怕下次再做時，又會很痛，為什麼有人可以很舒服地做，我卻不可以呢？麻煩妳回答一下我的問題，這個問題對我而言很重要，拜託拜託！

少女

親愛的少女：

第一次，妳一定很緊張吧！雖然嘴裡說有放鬆，但心裡仍然無法放心，心裡的滋味一定十分複雜吧！但請記得，女性在第一次的性生活中要盡可能地放鬆自己。

可以盡量選擇在寬鬆的環境、充足的時間下進行，並和性伴侶做必要的溝通。在自己有充分的性興奮、陰道充分濕潤後，才容許陰莖的進入，必要時可以使用潤滑劑（成人用品商店有售），並盡最大可能降低負面的性體驗。為了減少疼痛，可以先用手指擴張，破膜時女方兩腿向上屈曲分開，用手托住臀部，同時屏氣向下用力，這將有助於疼痛的紓解。

造成性交失敗的最常見原因是女方有意無意的身體反抗，如雙大腿收緊、下身的退縮、下腹部的收緊。對於第一次性交的女性，這有時是潛意識的反抗。當出現這種身體反抗時，陰道口會緊閉、陰道乾澀，是不適宜性交進行的。一些女子甚至會出現陰道痙攣，讓性交無法進行。此時，要暫停性交，多多愛撫、親熱，直到身體反抗消失後才再次進行嘗試。

性愛是美好的生活體驗，但提高性生活質量的知識、技巧並不是生而知之的，它必須經過後天的學習、體驗才能領會掌握的。

妮可兒

06 不知該射在哪裡

妮可兒您好：

我今年已經國三了，老實說對於「性」這方面還是懵懵懂懂的，又不太敢問家人或老師，但是對於這方面的事還是感到很好奇，而且仍有許多疑問。有兩個問題想要請教妳，第一個問題是，男女生在嘿咻的時候，如果達到高潮，男生會射精，女生會怎樣呢？這讓我非常好奇。第二個問題是，如果達到高潮的時候，男生會射精，精液是要射在女生的陰道裡，還是要射在哪裡呢？請你解答我的疑惑。

Kn

Kn：

青少年對性感到好奇是正常的，而且一定要勇於發問喔！這樣才能得到正確的「性知識」，不過想要享受性愛，還是應該等到成年後喔！

高潮的時候，男生會射精，女生會怎樣呢？這個問題問得好，女生的高潮的確神祕難以捉摸。在性高潮的這個階段，沒有兩個女人的反應是完全一樣的。有些女性很平靜；有的女性不是呻吟，便是尖叫；有的弓起背部，或咬旁邊的東西。當知覺開始恢復時——不過幾秒鐘的事，幾乎所有的女人都感覺到溫暖，先是骨盆，然後遍及全身。

著名的性學家海特在她的性學報告裡，對女性的性高潮感覺是這樣描述的：「我的身體感到懸浮飄起，充滿力量，一股奔騰噴湧的烈焰，強烈吞噬一切，美妙至極，幾乎是人無力承受的極度狂喜。」看到這是不是還一頭霧水呢？其實不只男生不懂，大部分的女生對高潮的發生也都是一知半解呢！很多時候高潮是假裝出來的，事實上男性的體貼比高潮更能獲得女性的讚賞。

至於要射在哪裡，如果你有戴保險套，射在陰道裡是無所謂，但也有人會選擇體外射精，可射在女生的身體上或地上，只要安全措施夠，性愛遊戲是很有趣的！

妮可兒

14歲墮胎少女

妮可兒：

在我讀小學的時候，父母就天天吵架，剛上國中，父母就離婚了，我被判跟媽媽住在一起。可是我媽媽根本不關心我，我覺得從家裡得不到溫暖，於是每天放學後就跟著同學在街上蹓躂，經常跟一幫問題少年混在一起，我天真地認為身邊的朋友比親人有意思多了，整天都能陪我吃喝玩樂，而且還可以相互傾訴一下心聲。

有一天，我認識了一個男生，他對我特別好，我一下子就心動了。我很單純地認為男朋友很愛我，給了我很多溫暖、關懷、愛護，比親生父母對我還要好，於是我也死心塌地地愛他，他提出的任何要求我都不會拒絕。於是我與男朋友發生了性關係。直到有一天，我隱隱約約覺得身體不對勁了，但是我不敢去醫院檢查，自己偷偷地買了驗孕試紙來檢驗，果然是懷孕了！

我嚇呆了，我根本沒想過會發生這種事情，也不知道該怎麼辦，我還是很怕被媽媽或老師發現。我想請朋友幫忙，可是那些人不是說不知道，就是勸我直接去拿掉小孩，沒有人真正幫上忙！我該怎麼辦？我今年才14歲！

彤彤

彤彤：

才14歲的妳遇到這種事一定很難過徬徨，不過先靜下心來，請妳確定幾件事：**1.請到醫術好、醫德更好的婦產科醫師處進行驗孕檢查，以確定自己是否懷孕。2.若是沒有懷孕，請醫師或護士教導你正確的避孕觀念。3.若是不幸懷孕了，請告訴家人，或請教張老師或生命線等輔導單位，以確定下一步的打算。**若是想要墮胎，最好要告訴家人，請家人代為尋找有執照、有經驗、有醫德的婦產科醫師，以免墮胎手術做得不完整，造成日後不孕的後遺症。或請男朋友（如果他已經成年）帶妳去檢查，並討論接下來該如何面對問題。

而且我一定要強調的是，如果妳不願意去醫院做人工流產，而是求助於民間「郎中」進行私自打胎，可能會造成一些嚴重後果，甚至危及生命。如果妳是購買了所謂的「墮胎祕方」，或一些有毒的「墮胎藥物」，在不瞭解這些藥物性質的情況下，任意濫服，結果打胎不成，反而可能造成藥物中毒，嚴重地影響身體健康。民間所用的某些外用「墮胎藥」往往具有腐蝕性，將其放入陰道以後，陰道黏膜會受到腐蝕而發生潰爛，造成不應有的痛苦。病變癒合後還會引起陰道黏連，結果造成陰道狹窄，甚至閉鎖，給以後的性生活和生育帶來困難。

不論要怎麼處理懷孕的問題，**真的不要私下解決，勇敢地面對問題，和醫生、家人一起討論吧！**加油！

妮可兒

08 陰毛太長

妮可兒小姐：

我發現我的胳肢窩開始長出一些彎曲的黃毛，腿上也開始長毛，雖然一再被我用剃刀剃滅，但仍然會再長出來；更令人煩惱的是，我陰道上的毛也以燎原之勢長起來了。

我曾看過一些情色雜誌，那些模特兒穿比基尼時，好像都沒有那麼多毛，如果我的陰毛長太多，是不是表示有問題啊？請問我可以用脫毛霜將它們一掃而光嗎？會不會有什麼後遺症？

小娃

小娃：

可先別急著用脫毛膏，其實，細心的你可能會發現，最先長毛的部位在陰部。隨著青春期繼續，這些長出的陰毛將會變得越來越黑、越來越粗、越來越多，形狀也會變得更加鬈曲。直到20歲左右，它才開始變成成人的模樣：濃密、粗黑、鬈曲、呈菱形分佈。

你可能還會發現，進入青春期後，自己的胳膊、腿上開始長出許多汗毛，有些男孩子的體毛特別多，甚至還會蔓延到胸、腹、背、肩乃至手臂。在成人的世界中，大多數人評價一個人是否像個美少年，並不是看他的長相如何，而是看他做了什麼，看他能在多大程度上對自己、對他人、對社會承擔責任。因此，如果有人根據你的體毛多少來決定是否喜歡你，這個人根本就不值得你去結識。

一個人的體毛多少取決於他的家族。如果你出生在一個有多毛傾向的家族，你的體毛也會比較多，反之亦然。與其苦心費力地尋找脫毛良方，不如通過實踐來提高自尊。一個有自尊的人是能夠喜歡和欣賞自己的天然姿態的。

至於你看到穿比基尼的模特兒，身上似乎都沒有毛，那是因為女孩長大後為了整體美觀，所以會把身上的毛除掉，如果你也想把毛除掉當然沒有問題，也不會有什麼後遺症，只是要小心在除毛時，別把自己刮傷囉！

妮可兒

09 手指插入陰道一定會破壞處女膜

妮可兒：

我今年18歲，像我這種年齡的女孩還會問這樣的問題，或許顯得很笨，但我還是忍不住想問：當我的男友用他的手指插入我的陰道時，是不是就等於讓我失去處女之身？男朋友把他的手指插入後，我那層膜還在不在？請教一下，我實在是不懂。

我沒和別人上過床，可是第一次我男朋友把他的手指插入後，回去我發現有點血，但很少，接著就來月經了。我現在很苦惱，到底我的那層膜還在不在？是不是已經破了？

我是一個相當保守的女孩，真的很在乎這件事！我真不知道該怎麼辦，我以後怎麼和老公說？我很有可能就因為自己的無知再也得不到幸福了。

遙遙

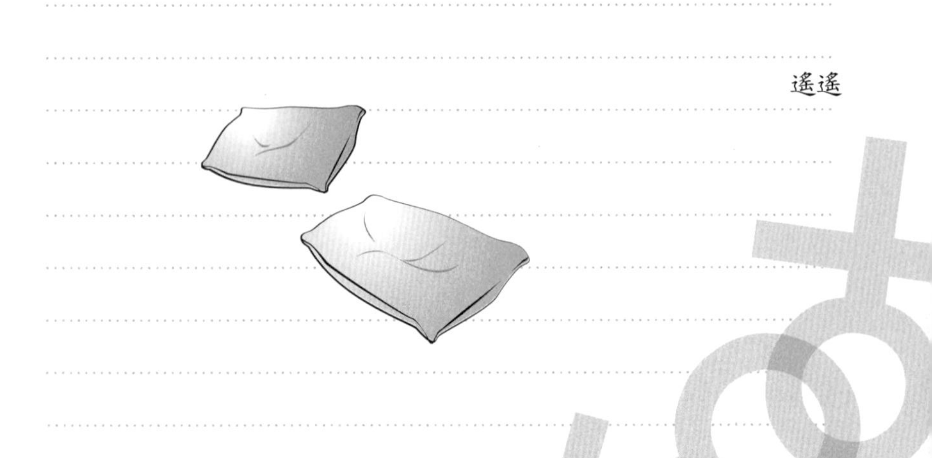

遙遙：

沒有任何問題是笨的，有不懂的事當然就要問囉！處女膜是覆在陰道口上的一層薄膜，這層薄膜上有個孔，至於薄膜究竟有多厚、韌度有多強，就和孔的形狀與大小一樣，因人而異。處女膜上也有可能出現2個或3個小孔，但這種情況比較少見。總之，處女膜的小孔大約剛好可以塞入迷你棉條。如果你的男友很小心翼翼地將手指插入陰道內，也不見得就會讓處女膜破掉，但是如果他不夠靈巧或太用力，就有可能把處女膜扯破一點點，事實上，有不少女人在第一次性交後，處女膜仍然沒有破裂。

不過，即使你處女膜尚在，又如何？你仍然可以和未來的老公說：「我沒有和男人親密接觸過，因為我的膜還是完整的」嗎？難怪現在許多女生自以為處女膜完整，就可以向未來的老公交待。既然你對和他的關係沒有信心，又何必發生性接觸呢？既然想偷嘗禁果，又怎麼老想保住處女膜？

著名性學家潘綏銘教授說：「一些人為了保持處女身，連口交和肛交都做過了，唯獨沒有插入陰道，因此她們也就照樣陶醉在自己的『貞操』之中。這種『技術上的處女』、這種『狹義的貞操』，難道還不夠荒謬嗎？」

其實，幸福的家庭不是以「處女」為基礎的，拋棄狹隘的「處女情結」，做一個自立自強的女性，妳一樣會幸福的！

妮可兒

10 自慰不會影響月經周期

妮可兒：

我碰到一個大麻煩，卻不好意思請教別人。大約2、3年前，我開始有月經來，但至今為止只有過1個月準時來1次月經的現象。大部分的情況是每2、3個月來1次月經，有時候則4個月才有1次月經。

而且我月經來時的量也不是很多，常聽朋友說她們來時都會流很多，常常在不注意時流出來沾到褲子等等，可是我怎麼都覺得我的月經量少之又少。

我害怕去看醫生，所以一直都沒到過醫院，也不敢向別人提起這件事。我常常藉由摩擦陰蒂的自我刺激方式「自慰」，不知道這種自慰方式是否與我的月經周期不正常現象有關？

芳

芳：

沒有證據指出自慰會影響月經周期，但有一種可能的例外是，據說有些女性的高潮會減緩月經痙攣的情形。既然妳是2、3年前才開始有月經，而且妳正處於正常的發育成熟中，妳的月經期將漸漸地變得更規律，且彼此間隔的時間會縮短。

在少數病例中，月經周期過長可能是出現問題的徵兆，因此假如妳的周期過了幾年後，仍無法變得規律，或妳仍一直擔心這個問題，可以去看婦科醫師，但並不需要告訴醫師有關妳自慰的情形。

為什麼月經量會稀少？通常醫學上把女性的一生分為五個時期：幼年期、青春期、成熟期、更年期和絕經期。女孩的月經初潮，預示著女性性器官的基本發育完成，也意味著女孩已進入青春期，但這並不代表卵巢功能已經十分健全。女孩過了月經初潮之後，往往會相隔數月、半年或更長時間再來月經，這是因為青春期卵巢的功能尚不健全，分泌的激素很難穩定，加上子宮的發育尚不夠成熟，才會出現月經間隔及經量稀少的現象。

另外這些現象還與長期營養不良、慢性疾病、氣候突變及劇烈的情緒變化有關。大多數人經過一段時間，卵巢功能穩定以後，就會開始正常的月經周期。

妮可兒

11 相愛不一定要做愛

妮可兒：

我今年24歲，最近，在網上認識了一個男孩子，感覺很好，很快地，我們相愛，我真的很喜歡他，他也很喜歡我。前幾天，耐不住相思，他來看我，很自然地，見面後我們擁抱、接吻。我要聲明的是，在這之前我還是個處女。

那天晚上，我在他住的飯店待到很晚，因為時間太晚，所以沒回家，而且他說好了不碰我，可是之後他卻很激動地想和我發生關係，但是都被我制止。他說，我是他的第一個女朋友，他從來沒和女孩子親近過，他已經25歲了。我很矛盾，我也任由他愛撫，那晚我們幾乎脫光了衣服，但沒發生關係，先是隔著內褲，彼此在摩擦，但是他沒能進入，就是這樣摩擦了一下，好像也沒射精，不知道會不會懷孕？

我甚至想，他是不是為了做愛才來找我的？我開始懷疑他，難道談戀愛就非要做愛嗎？想問問妳，相愛就一定要做愛嗎？還有這樣不成功的做愛會懷孕嗎？要是會該怎麼辦呢？還有他說了，下次他來，就要和我做愛，我不知該如何回答，我不知道我們會不會結婚，我怕我未來的老公知道我不是處女會失望，所以不知該怎麼辦？幫幫我吧！我還是喜歡他的。

小莉

小莉：

首先告訴你，你們這樣只是生殖器外部接觸，又沒有射精，是不會懷孕的。

至於相愛就一定要做愛嗎？根據一些調查研究，兩性對性所抱持的態度是不一樣的：對男性而言，男人可以跟一個他不愛的人發生性關係；但是對於女性而言，女人一定要愛對方才會跟他做愛。

對女生來說，初次性交後產生的對貞操和自我的失落感，是造成女生害怕婚前性交的隱密心理因素。尤其是婚前的初次性交，由於受到客觀條件的限制和干擾，女孩更難感受到愉快。所以，初次性交可能會給男方帶來一種衝動與佔有的滿足，而對女方來說卻不快樂，有些女子甚至因此而害怕性交，可又無法解釋其中真正的原因，於是雙方衍生猜疑、不安。結果，婚前性交非但沒能促進兩人感情的深化，反而增加了許多心理障礙，使雙方陷入困惑之中。

因此，戀愛中的青年男女，為了保護好自己的愛情，也為了今後的婚姻幸福，千萬不要無知冒失地匆匆品嘗「禁果」。

但是有個觀念妳也要知道，幸福的家庭不是以「處女」為基礎的，拋棄狹隘的「處女情結」，妳一樣會幸福的！

妮可兒

12 19歲早洩

妮可兒妳好：

我今年19歲，約在3年前開始有了性生活，3年來幾乎每天都做，一直到這幾個月，一向身體健壯的我，好像出了一點問題，我以往的做愛時間可達30分鐘左右甚至更久，但是最近我都在1分鐘之內便射了。我非常緊張，我想我是早洩了，但是我現在才19歲耶！我現在每天感覺都很疲倦，睡很飽也還是累，而且仔細觀察一下，我現在勃起時的硬度也不是很好，怎麼辦？是我縱慾過度嗎？救救我吧！

Marco

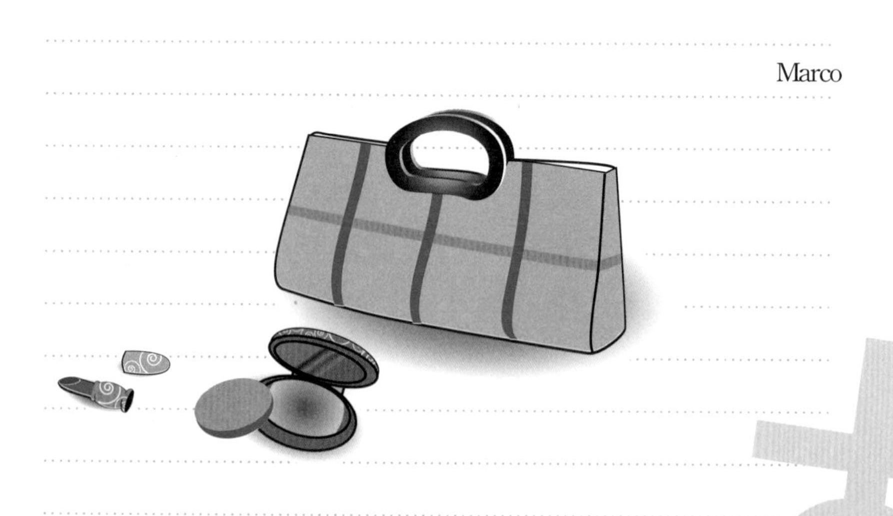

Marco：

年輕的時候，任何人多少都會有早洩的情況發生，而隨著性經驗的增加，習慣刺激之後，持續時間自然會增長。如果你還是個10、20幾歲的年輕男孩，射精時間稍快並沒有什麼關係，倘若插入的時間過短，也可以用次數來彌補，因為年紀輕，恢復時間也會比較快。

在進行性行為時的幾分鐘內射精算不算是早洩，並沒有一定的基準。這和陰莖大小與女性滿足程度之間的關係一樣，因人而異，就算同樣的人也會因內、外在因素而有所不同。根據調查可知，從插入到射精為止的時間，最多的是7到9分，其次是1到3分，及5到7分。因此，常在1分鐘內射精者，或許就可算是有早洩的傾向。

在早洩的治療中，根絕精神性因素是最根本的療法，不要太拘泥於能否持久，以輕鬆的心情來面對性行為，才是最佳的對策。另外，也可經由按摩進行治療的簡單療法獲得改善。方法是在每日沐浴時，以毛巾來按摩龜頭。毛巾的質料以織工精細、觸覺柔細為原則，然後多花點時間，輕輕地搓揉，搓揉時會有刺痛的感覺，但只要持之以恆，3到6個月左右就再也沒有早洩的煩惱了。

妮可兒

13 男生的第一次

妮可兒：

我跟我女友都快滿18歲了，我們彼此相愛，而且決定要把第一次奉獻給彼此，於是我們選定一個日子，就是在她滿18歲的隔週，也找好了地點，我現在滿心地期待那天的來臨。

不過我卻有一個問題，因為對於做愛，這是我第一次的經驗，其實我很怕搞砸，請問妳在做愛之前有沒有什麼事要注意的，或是什麼撇步？

小堂

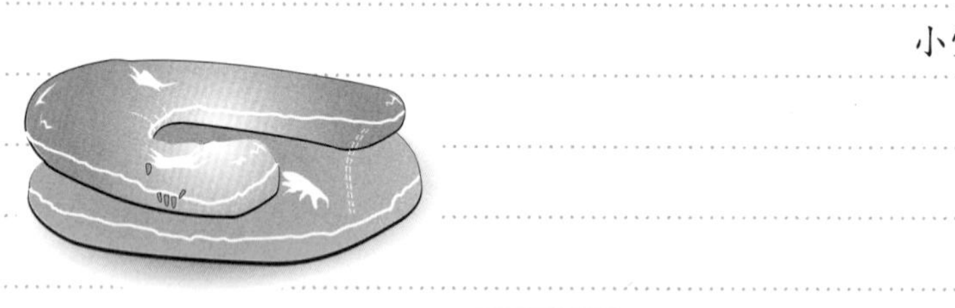

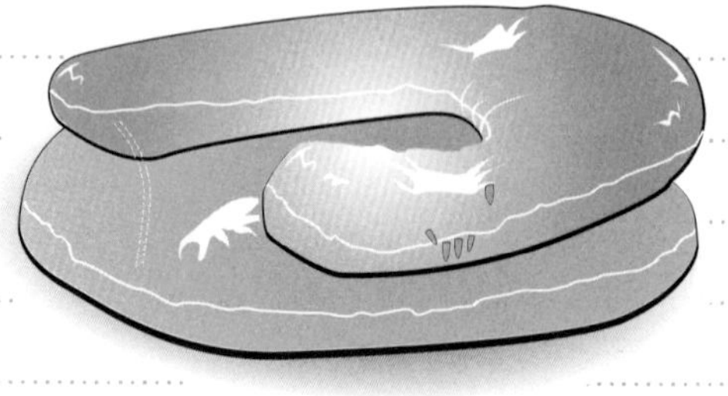

小堂：

其實第一次進行性行為，男人比女人更緊張。就像你現在這樣，不過在跟你說撇步之前，我要先讚許你和女友的成熟，因為等到彼此滿18歲才有性行為，這真的是很理智和成熟的行為喔！

既然已決定好日期和地點，在到達那地方時，記住先沐浴更衣，不要催促，這會留下壞印象；沐浴時，別忘了刷牙，也可噴些口腔芳香劑，避免口臭；內衣褲別忘了更新，不要認為馬上要結合，所以只披著浴巾或浴袍，這種做法太過急躁，應避免，仍應穿上內衣褲，如此也可在過程中享受寬衣解帶的樂趣。

體貼的男士可在沐浴後，為女方做好沐浴的準備，如注滿浴缸的水，將毛巾、浴巾、牙刷放好等。當女性入浴時，也請多留時間給她在浴室中準備、梳理、保養。也可準備一點宵夜緩和氣氛，鬆弛此時的緊張心情，讓腦子稍稍清醒一下。

最好讓愛侶先上床。男性可借一些理由避開，如上洗手間等，禮貌上應先讓女性上床，避免其感到羞怯，而後男性再靜靜躺在其右側。應避免男性先上床，再催促女性上床，這種半命令口吻，將讓女方留下不好印象。接下來的接吻、愛撫，就讓你去慢慢地營造氣氛，然後慢慢地享受囉！

妮可兒

14 衛生棉條不會破壞處女膜

妮可兒：

一直有個疑問不敢問別人，很怕大家罵我白痴，就是關於處女膜的問題，因為我到現在一直還是個處女。其實我沒有很大的處女情結，只是想把我的第一次留給我喜歡的人，而我到現在還沒遇到那個男人。

可是最近我打算跟一群朋友去泛舟，算一算日期差不多遇到月經來，於是朋友就建議我用衛生棉條，但我突然想到，我還是處女，用棉條會不會破壞我的處女膜啊？雖然我沒有處女情結，但還是希望處女膜能保持完整，請妳回答我這個白痴問題吧！

茹茹

茹茹：

首先要跟妳說明，妳的問題一點也不會白痴，因為還是有很多人跟妳一樣不了解衛生棉條，也跟妳一樣不敢開口問，如今妳有這個勇氣，是值得嘉許的。

其實沒有發生過性行為的女性當然可以用內用衛生棉條，因為處女膜是個環形組織，中央有孔，能讓經血流出體外。孔的大小因人而異，一般直徑為2.5釐米，而內用衛生棉條有多種型號，你可選擇較小的普通型棉條，直徑僅有1.32釐米，通過處女膜孔綽綽有餘，不會損傷處女膜。

子宮頸口的直徑是0.1至0.2釐米，而內用衛生棉條的直徑為1.32至1.42釐米，不可能穿過子宮頸口進入子宮，更不可能從子宮進入腹腔。由於棉條的拉線是由棉條頂端密實地縫到尾端，所以當棉條吸滿經血變得濕潤後，輕拉線尾取出並不難。

不過，使用內用衛生棉條一定要注意雙手及外陰的清潔衛生，置棉條入陰道前要洗淨雙手，不要觸摸進入陰道的那段導管及棉條，以免將細菌帶入陰道。棉條更換的時間按經血量而定，一般2至4小時更換1次，8小時內一定要取出，因為棉條在陰道內時間過長，易引起盆腔感染。

因此，只要使用得當，內用衛生棉條是不會影響健康也不會影響處女膜的！

妮可兒

15 陰囊變黑

妮可兒：

我是個20歲的男生，我留意到夏天下水游泳之前，我的陰囊似乎會變大，有一種不舒服的下墜感。當我游上1、2個小時，上岸去淋浴時，就會發現陰囊緊縮成皺巴巴的一小團，緊緊貼靠在身上，而且顏色也從剛才的棕色透紅變成深深的黑褐色。

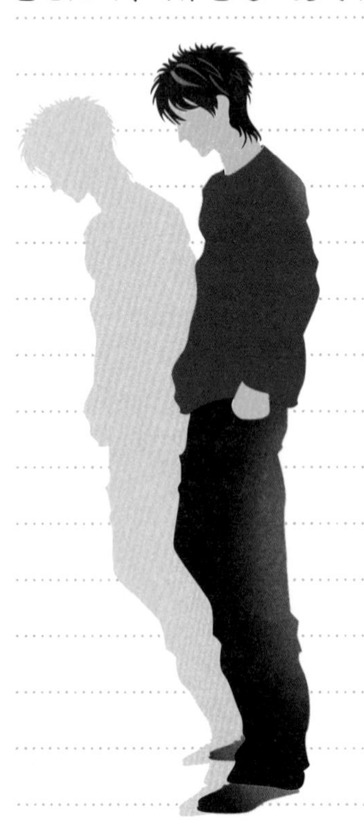

這種現象我也曾在2、3歲的小男孩身上見到，只不過小孩陰囊的膚色不那麼深，只比周圍的膚色稍稍深一點。我很想知道，這是怎麼回事呢？這算是正常現象嗎？

傑德

傑德：

陰囊像一個壁薄而有韌性的皮口袋，長在陰莖根部和會陰之間，當人站立它就懸掛在那裡，它分別和恥骨部、陰莖皮膚、大腿內側皮膚及會陰皮膚相連。

陰囊皮膚對外界溫度的高低很敏感，無皮下脂肪，卻有豐富的汗腺，助於散熱。當游泳時，水溫低於體溫很多，刺激肉膜的平滑肌和提睪肌收縮，使睪丸位置升高，陰囊皮膚就緊縮成密密的皺褶，並回縮至會陰部，防止散熱，有助於保溫，當天氣冷時也會發生同樣現象。相反地，在外界溫度增高時，平滑肌和提睪肌鬆弛，睪丸下降，離開軀體，陰囊皮膚鬆弛，增大散熱面積，就有利於局部散熱。

此外，精索中的動脈纏繞在成束並行的靜脈叢上，血液在兩套血管系統中，隔著薄薄的血管壁而反向流動，形成了一個逆流交換系統，靜脈血不斷把來自腔內的動脈血的熱量帶走，結果睪丸動脈的血溫可比主動脈低2° C 。陰囊就是通過這幾種機制來調節陰囊和睪丸內溫度的。

至於陰囊皮膚顏色黑，則是受了性激素的影響。本來，人的膚色取決於各色素，尤其是黑色素的多少、皮膚的厚薄和血管的收縮或舒張狀態，其中影響皮膚色素沈著的重要因素之一就是性激素。性器官等部位的性激素濃度高，長期受性激素刺激的結果，會使黑色素大量沈著讓膚色變得很深，尤其是皺縮增厚後就更加明顯。基於同樣的道理，你或許也注意到了成年男性的乳頭和周圍一圈乳暈的顏色挺黑吧！而小男孩的性激素水平很低，所以膚色變化不大，陰囊和周圍膚色相同，進入青春期後，才會出現這種色素沈著的改變。

妮可兒

親密伴侶必知的24個閨房密問

男女進行式

六九體位如何高潮？女人性感帶在哪裡？
怎麼說的、看的，都比「做」來的容易多了？
明明就是「生物本能」，
哪來那麼多問題？

親密伴侶必知的24個性問題，
就是房事解救大全！

01 男友喜歡開燈做愛

妮可兒妳好：

可能受了電視電影的影響，我覺得我是很浪漫的女人，每次要和男人做愛時，我都希望能在一種很浪漫的氣氛下享受性愛，像是優美的音樂及昏暗的燈下，都能讓我特別容易有高潮。

可是當我精心安排用精油蠟燭佈置後，新男友偏偏要求希望能開燈做愛，這個要求害我氣死了，既然開燈幹嘛點蠟燭助興，我堅決不肯，性致也被破壞了。

之後他都希望能開燈，但我卻覺得開燈做愛怪怪的，因此不答應。但為什麼男人喜歡在明亮的地方做愛呢？每次開燈時我都會覺得很不好意思，而且都不太敢看我男人的臉，感到舒服時也不敢大聲喊出來，好像赤裸裸地被剝奪享受的快感，反正很怪就是了，怎麼辦？

小雯

親愛的小雯：

　　女人和男人的大腦組織本來就不同，男人是光靠視覺就能感到興奮，因此在做愛時，他們大多會用眼睛來感覺。其實就是「想看女人裸體的樣子」罷了，單純就是女人的胸部和陰部，還有羞澀的表情。

　　但是有些女人會覺得讓人看見自己的裸體很羞恥，像有小腹太大啦、胸部太小啦、屁股太大啦，或是忘了刮腋毛的問題，什麼五花八門的理由都有。在看不見的暗處時，女人全身的性感帶會更敏感，也能更感到興奮，也會因為看不到對方的姿態而感到放心，也就能更開放、更輕鬆地享受快感。

　　但喜不喜歡開燈倒是因人而異。有的男性喜歡在較暗的地方，他們會認為這樣能豐富想像力，會更興奮；有的女人也會喜歡開燈辦事，能一面看著對方的臉、一面親熱，感覺也會很High。所以真的是因人而異，可別一竿子打翻一船人喔！

　　至於，關燈與否，就是妳跟男友協調的問題了。建議妳真的好好跟男友溝通一下，把自己的感受跟他說，我想體貼的他應該會配合妳的要求，但如果他還是想開燈的話，那妳就要協調看看開燈的亮度囉！

妮可兒

02 做愛時間太長了

妮可兒妳好：

男人老愛討論做愛的時間長短，好像時間愈長就愈威風，而且也愛到處炫耀說自己可以40分、1小時、2小時等等，但時間長女人真的會比較爽嗎？

我和女友做愛的時間，幾乎每次都大戰1到2個小時。本來我覺得雙方性生活還算愉快，但有時做到一半，女朋友會對我說：「射了嗎？怎麼還沒射！」後來我問女友我是不是弄得她不舒服，她就跟我說，剛開始雖然覺得很棒，可是久了之後，卻覺得好累，甚至會提不起勁來，而且有時到最後還會覺得不舒服。

所以我很疑惑，不是應該時間愈久，愈有助於她達到高潮嗎？

小文

親愛的小文：

就大多數人而言，從男女雙方性興奮開始到射精結束，一般持續時間大約是5至15分鐘。當然，依每對男女的身體狀況、性生活習慣不同，每次性生活的持續時間到底多長合適，並沒有一個確切的標準。但有一點是肯定的，性生活的時間持續過長，對雙方的身體是會產生不利影響的。

在進行性生活時，不僅雙方性器官處於高度充血狀態，而且身體的許多組織也參與了這一特殊生理過程，如：心跳加快、血壓升高、呼吸加深加快，全身皮膚血管擴張、排汗增加等，機體的能量消耗明顯增加，代謝增強。如果每次性生活的時間持續過長，就會因能量消耗過多而感到疲勞，甚至出現精神倦怠、肌肉酸痛等不適。而且，如果雙方的性器官在高度充血狀態下密切接觸或活動時間過長，女性較易引發泌尿系統感染、月經紊亂等，男性則易引發前列腺炎等症。

所以男人勇猛太久，並不代表女人一定會爽很久喔！重視女人的感受，是比時間長短還重要的，千萬別忘了這點喔！

妮可兒

03 老公突然愛看A片

妮可兒妳好：

結婚好幾十年了，我老公這個人一向忠厚老實。可最近也不知怎麼了，忽然變得很不正經起來，特別愛看描寫性的文章，前幾天還弄了一些A片回來看。而且我發覺他很愛看色情的VCD或是寫真集，還常常邊看邊自慰，一直到射精為止。

這件事讓我感到很難過，我曾經暗示性地問他，是不是因為我不能滿足他？但是他都是一臉認真地說，他和我一樣都很滿足。雖然他並沒有因為自慰而減少我們性生活的頻率，他在床上還是很認真賣力，但是我好懷疑是不是我丈夫心理有問題，我真為他難為情，都快接近50歲的人了，他這不是有點「老不修」嗎？

淑娜

親愛的淑娜：

從科學的角度來看，給自己老公下個「老不修」的稱號是不公平的。從生理上說，隨著年齡的成長，性能力逐漸下降，但男人對性活動的興趣卻沒有減退，有的人還表現得愈來愈強，這種生理上弱和心理上的強形成了強烈的反差和矛盾，使男人自己感到不好意思。

面對這種狀態，有些人便採取揚強避弱的辦法，即不去強求完滿的性生活過程，而是去追求心理上的滿足。於是，他們便找來了與此有關的文字和畫面，通過這些間接的刺激來滿足自己的性需求，使自己沈浸在對以往性生活的回憶中。

這種狀況隨著年齡的成長，還會更明顯，因為此時男人的性慾望，有時單純靠生理刺激也往往起不了作用，但精神刺激卻仍會起作用。

雖然男人的做法不是因為低級趣味，但那些畫面或文字畢竟不能仿效，有時還可能傷害到妻子對自己「性魅力」的信心。在這種時候，丈夫要多關心妻子的感受，妻子也要留意多給老伴一些能喚起他「性趣」的資訊。

妮可兒

04 做愛後莫名空虛感

妮可兒小姐：

我跟我男朋友交往已2年多了，在這段期間中我們也會有一些炒飯的親密行為，但很奇怪的是，每次當我們做愛結束後，我和我男朋友的心中都會有一種失落及空虛的感覺。這是不是很不正常呢？

因為我們所接觸到書中和朋友所形容的，是說做完的感覺應該是滿足的，而且也會不斷地想再享受這種滿足愉快的感覺，但是很奇怪地，我們為什麼會有這種空虛感呢？

而且有的時候我還會因為這種感覺，難過到哭了出來，但其實哭的原因卻很莫名其妙，連我自己都無法解釋這種感覺，這樣有可能是表示說我們彼此並不適合在一起嗎？有沒有什麼方法可以救救我這種感覺呢？

雅雅

雅雅：

性生活的美滿並不一定完全代表兩人之間的戀情美滿。我想，只要你們堅信愛情的存在，對於性的配合度，可以從書報、雜誌中獲取知識，然後一起互相學習成長。

這一種沒來由的失落空虛感，很有可能是對彼此身體的熟悉度不夠所造成的。千萬別相信A片裡男歡女愛的畫面，現實生活裡，男人永遠不可能像男主角那樣勇猛，女人也不可能像女主角那樣爽，所以啦！雙方好好的溝通，仔細摸索彼此的性感帶，可以藉由較長的前戲來獲得較大的滿足。而且不只男為女服務，女生也要試著挑逗男生的敏感處，當雙方都被挑逗得很興奮時，再來交合，也許這樣能讓你們更能體會性愛的歡愉。

前戲是性愛過程中不可缺的一部分，從擁抱、撫摸，一直到用手指揉搓對方性器官等行為都叫愛撫，以嘴唇來親吻、輕咬或吸吮身體各部位的方式也是一種。個性含蓄、觀念保守的女性，比較無法在一開始便放開自己，此時可以從溫柔的擁抱開始，輕輕地撫弄著他的頭髮，或用兩手繞住他的頭，這樣的動作看似含蓄，其實具有相當挑逗效果。

加油！別再哭了，試試馬拉松式的前戲，會有不同的體會喔！

妮可兒

05 連插進去也不會

妮可兒妳好：

我交了一個比我大6歲的男朋友，因為他沒有交女朋友的經驗，所以他對性愛都不了解，簡單來說就是個「處男」！而我也不知道要怎麼跟他開口說，我已經有性愛經驗。

還有一點很困擾的是，我不知道要怎麼教他性愛，第一次和他做愛的時候，除了他笨手笨腳不說之外，我也發現我並沒有達到高潮，因為他插進去的時候，差不多5、6秒就射了，我跟他說沒有關係，一切慢慢來。

我想只要多做幾次，應該可以改善吧？可是他卻沒有，還是會早射。最慘的是他不知道如何愛撫我，我也不好意思教他，反正他做愛的時候不會愛撫我，也不會做愛，更頭痛的是連插進去也不會。唉，要怎麼樣才可以讓他學會一切，還可以持久呢？我真的想好好享受性愛喔！

寶寶筆

寶寶：

男人對房事笨手笨腳一定讓妳很為難吧！因為大部分東方女人對於性愛這回事，總是比較害羞而難以啟齒。但是現在時代已經不太一樣囉！想好好地享受性愛，一定要大方地跟男人溝通，讓他知道妳想什麼、妳要什麼！

如果他不會愛撫，妳可以試著主動愛撫他，接著引導他愛撫妳，並告訴他妳的性感帶在哪兒，怎麼摸才能感到舒服，這都要主動說出口，或試著替彼此口交，一樣也能達到高潮喔！

如果他對妳的身體構造還不清楚，那妳可以買些相關讀物跟他互相切磋，或和他一起研究A片，都能使你們倆更了解性愛的氣氛要如何營造，不過有些誇張的情節千萬別學，所以妳得要好好挑選一下片子。

等你們互相仔細琢磨彼此的身體後，一定能慢慢地體會性愛的樂趣，妳的男伴一定也會變成猛男，使妳有個歡愉的性生活。不過，前提是妳要主動教導喔！不然你們還是只能在原地踏步而已，加油！

妮可兒

06 炒飯時又乾又痛

妮可兒小姐：

我已經結婚並且有一個小孩，不過現在每次想跟老公做愛的時候，我都好像覺得自己是性冷感。雖然剛開始時都很舒服，因為婚後沒有裝避孕器，老公則是用保險套，但是往往過了10分鐘，私處還是又乾又痛。我覺得我的性慾挺強，而且行房時我又非常盡力地投入，但情況並無改善。難道陰道分泌物真的是性慾高低的標準？

雖然老公也很想讓「妹妹」能又溼又舒服，但當我喊痛時，老公就會抽出來，用嘴、手讓私處重新溼潤，也順便把保險套丟掉，不用保險套，再繼續房事。不用保險套時，我的私處變得好敏感，感覺很舒服又很刺激，但是不用保險套又怕會懷孕，該怎麼辦？

乾巴巴女人

乾巴巴女人：

我想妳應該不是性冷感，而是心理影響了生理，才會導致私處不再濕潤，可能妳和先生在行房時心裡會想著其他的事，或是擔心聲音會影響到別人，才會慢慢地陰道不再濕潤，也許妳該試著專心和先生做愛，問題可能會獲得解決。

另外妳也有可能屬於女性性喚起障礙（也稱性快感缺失），主要是指性興奮產生緩慢、衝動遲發，直到性活動完成時，仍部分或完全未能產生性興奮所應具有的陰道潤滑及膨脹反應。以前常把女人性慾低、性喚起障礙、性厭惡等性功能障礙籠統稱之為「性冷感」，但現在已被認為是不恰當的。

其實妳也可以試試看潤滑劑，有些潤滑劑因為其特殊成分，能讓雙方更能盡性，更能享受高潮喔！

而當陰莖脫掉那一層保險膜，在女人的陰道進出時，因為其構造會使有些女人特別敏感，可能是剛好接觸到妳的G點，才會使妳感到舒服和刺激感，如果先生不戴保險套能使妳得到高潮，那妳就只能服用避孕藥了。避孕藥的效果和戴保險套是差不多的，所以夫妻間多多互相溝通和嘗試，一定也能有美滿的性生活喔！

妮可兒

07 男友要我吞精液

妮可兒小姐：

每次跟男友一起看A片時，當劇情裡頭的男主角要女主角吞下精液時，男友都會在我旁邊說吞精液可以讓女生變漂亮，還聳恿我說下次可以試試口交時射在我嘴裡，然後我可以吞下去看看味道好不好。

其實我是不反對吞男友的精液啦！因為我真的很愛他，所以之後他要求口交時，我就試著把精液吞下，基本上是沒什麼味道，只是有一種難以言喻的腥味，總之就怪怪的，我不知道精液是真的會讓女生變漂亮嗎？還是只是男人拿來唬弄女人的？

珠珠

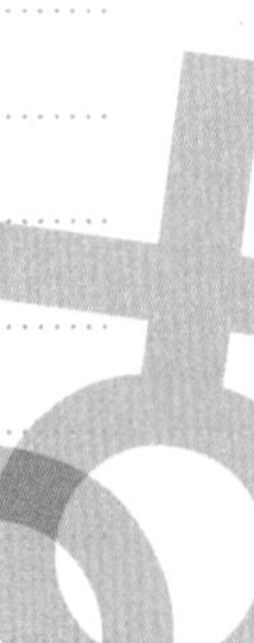

珠珠：

我也曾聽人說過「精液有很多蛋白質，對肌膚很好」，服用之後能夠充滿元氣，因此出現了許多精液信仰的傳說。

有些女性的作法更奇怪，只是因為有人說「把精液塗抹在臉上睡覺，第二天早上再洗掉，肌膚會非常光滑，可以把精液當成敷臉面膜來使用」，或說「吞下精液的第二天之後，身體會變輕盈」。但是，以醫學的觀念證明其效果是相當值得懷疑的。

因為精液的成分95%是水，其他的是精子、脂肪球、蛋白質、酵素、礦物質、維他命、澱粉體、果糖、結晶體等。即使精液的礦物質、維他命、酵素等，對於肌膚很好，但是以一次射精的精液量來考量，恐怕分量是無法發生效果的，也就是說「以醫學觀點來看，精液和美容沒有因果關係」。

但是吞下精液這種事並不是全部的人都可以接受，許多男生就是信A片那一套，要女生學女主角把精液吞下，不過珠珠還是願意吞下精液，我想妳真的很愛妳男友喔！但是就別再相信精液可以美容的功效了吧！

妮可兒

08 男友嘿咻完倒頭就睡

妮可兒妳好：

我和我的男友阿元交往1年了，感情時好時壞，他很喜歡做愛，而我也喜歡和他做愛，每次只要剛開始肌膚碰觸，我的下面很快就會很濕了，而我對其他英俊的男生都沒這種感覺，這種感覺很奇妙！

但是，阿元雖然很高大帥氣，但是他一點也不浪漫。他每次進入我的陰道時，都會有一種飽滿的舒服感，而且十分地快樂，可是最掃興的是，他每次做完就倒頭大睡，但其實我知道他並沒睡，只是不太想理我，他一點也不想抱抱我或親親我，這讓我感到很洩氣。

為什麼自己喜歡的人偏偏對自己若即若離？而一些沒感覺的男人又對我苦苦糾纏，而且我真的只要聞到阿元的味道就好喜歡他了，怎麼會這樣呢？我多想阿元能像那些男生般對我好，但偏偏阿元就像塊木頭！

Venus

Venus：

在愛情世界裡，女人的感受本來就比較敏感，尤其是和另一半有了親密關係後，女人大都是全心全意地對待，所以只要跟對方稍微地親熱，就會想再一步地享受性愛，當然也更希望對方能對自己多呵護一些，所以當他做完倒頭就睡時，妳心裡一定很不舒服吧！

不過其實不只妳的阿元會這樣，很多男人在嘿咻完後，通常就會呼呼大睡。這一方面妳就得跟對方好好地溝通一下，讓他知道妳的感受，希望他能在嘿咻完後稍微抱抱妳，跟妳聊一下；如果他還是做不到，妳也可以主動一點抱抱他，跟他撒撒嬌。很多男人都吃女人撒嬌這一套，如果妳不會撒嬌，建議妳學一下囉！

至於，為什麼他對妳若即若離，我想妳還是得跟他溝通，或許是妳太敏感，才會覺得他對妳時好時壞，但也或許阿元就是這樣的個性，建議妳直接開口問他。妳們也交往1年了，如果很多生活的相處細節上不溝通好，是會產生很大的問題喔！加油！祝妳幸福！

妮可兒

09 男友要我表演自慰

妮可兒小姐：

我今年20歲了！我交到一個怪怪男朋友，每一次在和男友做愛時，他都會叫我「自慰」給他看，如果我沒有在「自慰」中達到高潮，他就不跟我做愛！而且他又不准我用「手」自慰，可以告訴我這樣要如何達到高潮嗎？

因為不准用手，所以我每次都很苦惱，都不知道要怎麼「表演」才好，只能拿黄瓜等東西來使用，而且我都會假裝高潮給他看，事實上我一點兒高潮也沒有，心裡也不太舒服，但是因為我很愛他，所以他的要求我都會答應。

還有他很愛玩角色扮演，但我卻不知道要如何配合他，本來以為是扮護士或清純女學生之類的，但其實不是，因為他要求的也是「自慰」型的角色扮演，自己一個人怎麼玩呢？真是搞得我一頭霧水！

璇

璇：

一般女性常用的自慰方式大都是用手，但是你男友又不准你用手，除了用手之外，其實還有幾種方法可以參考：

1.重複做出交叉兩腳的動作，以壓迫外陰來產生快感。

2.以膝蓋跪下伏臥的姿勢，腰部帶著節奏向前趨動，使肌肉緊張來產生快感，有時可在兩腿間夾上枕頭。

3.以柱子之類的工具，讓性器官緊貼柱子，這樣可以刺激肌肉緊張而得到快感。

4.以陰莖代用品磨擦陰道口，或插入陰道來進行活塞運動。

雖然自慰是正常生理需要，本身不會損害健康，但進行時要避免用雜物插入尿道或陰道，保持雙手及用具清潔，避免發生感染。

至於一個人式的角色扮演，可能就要使用一些道具來助性，例如可以用手銬將自己銬住，或是腳鐐、頸圈等等，這都是屬於SM式的角色扮演。或者是著性感內衣，用極度撩人的方式自慰，應該都能讓男性血脈賁張。

雖然角色扮演遊戲能適時地助性，但仍需適可而止，如果常常使用，反而會使樂趣降低喔！再提醒妳一點，和男友在床上的互動會增進兩人親密度，但是有時一些要求如果讓妳心裡不太舒服時，妳還是要勇敢地跟男友溝通，這樣你們倆的性生活才會更好喔！

妮可兒

10 口交怎麼讓男友舒服

妮可兒小姐：

想請妳教我怎麼讓男友舒服！

問這個問題真是有點小尷尬，可是我是真的很愛我男朋友，而且我是真心想讓他感覺到很舒服，讓他感覺到我的真心！但不知道你會不會覺得這是個很蠢的問題，我朋友都罵我是白痴est！

我知道做愛一定是可以讓他很舒服，可是因為我還沒滿18歲，所以不能跟他做愛，而我想下次給他個驚喜，可以讓他舒服一下，那我該怎麼做呢？請盡快回覆我好嗎？我真的很期待看到他舒服的樣子，相信那是我最幸福的時刻了。

大頭妹

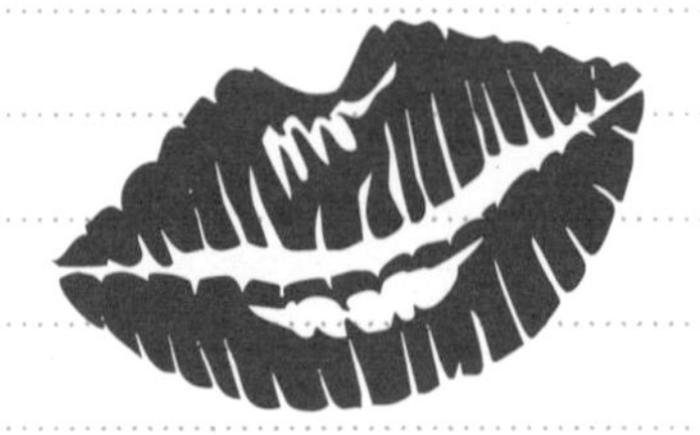

大頭妹：

首先我要先給妳拍拍手，因為妳非常理智，在未滿18歲前最好不要發生性行為，這可是會讓男友吃上官司的。發生性行為並不一定是愛他，很有可能是「害」他！至於要怎麼讓男友感到舒服，其實是有一些招數的。

第一，可以利用親吻，在男友的性感帶上溫柔地親吻，他應該也會感到舒服。

第二，就是把焦點放在他的陰莖上，可以用手慢慢地搓揉陰莖，記住一定要輕輕的，因為男人的陰莖是很敏感的，如果太大力是會弄痛他的。

妳也可以試著幫他口交，口交的方式是先用舌頭舔龜頭的周圍，並用舌尖旋轉之，碰到龜頭的溝，要輕輕柔柔地用牙齒咬，這會使男人有酥麻感。陰莖由好幾種組織構成，其接縫處相當敏感，由下往上舔，偶爾讓其在口中滾動，記得口交的舌頭方位是「由下往上」，不要忽略了其技巧，而讓自己的主動白費了。

愛撫陰莖時，要慢慢將它吸吮至喉嚨內，用喉嚨將舌根包起來，這好比陰莖插入陰道的感覺，再配合吞嚥唾液讓喉嚨蠕動的方法，使喉嚨不斷地動著，一幅做愛的畫面就呈現了！我想為男人口交，是能讓男人感到最舒服和最刺激的一件事吧！

妮可兒

11 覺得老公陰莖太小

妮可兒小姐：

結婚好幾十年了，我老公這人一生忠厚老實，作風正派。像我們這種老夫老妻實在也不用太講究什麼性生活，畢竟都已嘿咻幾十年了，但是到現在，我還是會覺得老公的陰莖太小！

有一位同事跟我說她老公的陰莖又長又大，很像一支很大的木棍，她跟老公嘿咻時很刺激。我聽了就覺得很羨慕，因為我老公的小弟弟插入我的陰道時，都讓人感覺太小，沒有給我刺激感，老實說我很久都沒有高潮了，這應該怎麼辦才好呢？是不是有什麼方法可以讓我老公的陰莖變長？還是有什麼方法可以教教我老公，讓他能帶給我高潮？

心怡

心怡：

其實，性生活的美滿，和性器官的尺寸並沒有太大的關係，根據臨床統計，因為陰莖太小而無法滿足女性的人少之又少，而陰莖加大只能強化視覺上的效果，對性能力毫無幫助。

根據醫學的說法，對於性生活，要能插入陰道，除了要能勃起外，還需要多長的陰莖呢？先來瞭解一下女性的陰道深度，陰道的長度一般在8到12公分左右，在女性興奮後略為伸長，可以到9、10公分左右。所以陰莖勃起後只要能夠達到8至10公分，進行性生活就沒有問題。事實上，甚至不需要那麼長的陰莖。因為女性陰道內的性敏感區在陰道的前中三分之一，所以理論上陰莖只要在勃起後能達到6公分，就可以過性生活。而在現實生活中，勃起後不足6公分的陰莖是很少見的。

所以陰莖的大小，對女方的性滿足並不重要。相對來說，陰道的深部是不大敏感的，在性交時，陰莖和陰道摩擦，刺激了陰蒂、小陰唇和陰道口，才會使女方獲得快感。

這方面也許可以藉由工具來輔助，例如按摩棒或跳蛋等等，有時變換一些做愛的姿勢或地點，或使用些情趣用品。藉由一些小小的變換，代替一成不變的生活，說不定會有不同的快感喔！加油！

妮可兒

12 做了三次還是早洩

妮可兒小姐：

第一次跟他做愛的時候，我是第一次，他也是第一次，可是他插進去後，差不多5秒就射出來了，沒有達到高潮就拔出來，我當時想說是兩個人的第一次，所以是技術不熟練吧！

可是第二次、第三次，他還是這樣，他是不是有早洩的毛病啊？有什麼方法可以讓他不要早洩呢？他也有看A片的習慣，怎麼還會這樣呢？

我周遭的男性朋友們，總說他們的行房時間能持續半小時以上，狀況比較不好時，也至少有15分鐘，可是我的男友總撐不了多久就洩氣了，也讓我覺得有點掃興，真的想找些辦法讓他不那麼快射，究竟有沒有好辦法呢？

珍

珍：

早洩是男人常見的問題，尤其是年輕人，因為年輕人沒經驗，敏感早洩是正常的，是不是真的早洩，最好去找醫生認定。一般來說男人會早洩，除了心理因素外，就是陰莖太過敏感，輕微的接觸便會有想射的衝動。如果是心理因素、壓力或者恐懼什麼的，建議你與男友好好溝通彼此的感覺，如果真是有什麼心理障礙，不妨求助性心理門診，不要羞於就醫。而且性愛這檔事，是可以經由練習、練習再練習的。

有幾種訓練方法可以建議，第一是提肛，練習方法首先腰臀向前腹挺起，小腹微隆起，肛門、會陰到恥骨、臍下、兩側腹斜肌都用力，再慢慢用攝護腺、儲精囊四周。此方法隨時都可訓練；第二種是，以冰熱水交互浸龜頭陰莖，使其不敏感；第三，氣功練習，氣功於強身及性功能持久方面的應用，效果良好，許多書籍都有介紹；第四種，在做愛之前不要有太多的想像，放鬆心情，以免過度興奮。一開始進入陰道內，要讓陰莖適應陰道內之溫度與壓力後，才開始抽動。

以上這些方法可以和妳男友好好研究研究，其實，雙方互相溝通研究才是持久最好的方法，兩個人一起成長，才能一起體會性愛的愉悅，祝福妳。

妮可兒

13 找不到女人的性感帶

妮可兒妳好：

每次和男友做愛時，他總是很努力，也會變換不同的姿勢，為的就是想讓我達到高潮，但是不知道為什麼他所觸碰的地方，總是錯過我的性感帶，所以我完全得不到快感，雖然也是會感到興奮，但總是不容易有高潮。

可是如果直接跟他說位置錯了，我會覺得不好意思，而且也怕傷了他，但我真的希望能感到更舒服。我很想要直接跟他說哪裡會比較刺激興奮，但是要如何傳達自己的性感帶呢？而其實最重要的是我太害羞了，根本不知道要怎麼啟齒！

小花

親愛的小花：

即使關係再好的兩個人，也很難擁有100%的完美性關係。而且男人會認為女人的身體對他們來說是一團謎啊！即使他們從坊間的雜誌書刊或媒體得到相關的知識，也鮮少能應用在現實生活中，而且你能說自己都清楚男人的身體構造及性感帶嗎？我想應該也是No吧！所以說男女雙方彼此都是不了解的，正因為如此才需要互相溝通。如果你希望和男友繼續交往，那你對於性方面的不滿足就應該盡早讓他知道。

至於傳達的技巧，就不能說出像「你是不是經驗不足啊？」或「難道是早洩？」之類的話，這是很傷人的。可以試試直接說「那裡很舒服」或「我希望你能那樣做」，才能慢慢建立彼此的信賴關係。如果再不敢說，可以在愛撫時做出比較強烈的反應，如此，就算再遲鈍的人也應該能感受出來。

其實女性的身體，從頭部側面到腳尖為止，全部都是性感帶。而且，單就乳頭極小的部分來說，其中心及周圍所得到的快感就有極微妙的差異。愛撫的方法不同，快感的程度也大不相同。女性或許有所自覺，因而不斷尋求這種微妙而多樣化的快感。然而，男性面對如此豐富的性感帶，卻因為不知應該刺激何處而感到困惑。

所以，別忘了「溝通」，一定會使妳更舒服喔！

妮可兒

14 做愛時如何前戲

妮可兒妳好：

我跟女友都是彼此的第一次，當我們發生關係後，就常常做愛，但是我看書上說在插入之前最好要有前戲，我也問了我身旁的朋友，問他們如何跟女友前戲，但他們大都只跟我說，管什麼前戲、後戲的，插進去讓對方爽就對了！

而且朋友們還不停地討論說，要用什麼姿勢或方法，才能讓女生感覺更爽，他們討論的永遠只是做愛的過程，都沒有做愛前戲可以用的方法。

所以我不太認同朋友們的說法，我很愛我的女友，想讓她感覺更棒更舒服，可是除了接吻和愛撫，還有什麼是前戲呢？我要怎麼做？前戲真的會讓女人更快有高潮嗎？我真的很好奇！

宏

宏：

我要先給你拍手鼓掌一下，因為你真的是個很體貼的男孩子，現在很多男孩子根本都不注意前戲這個步驟，直接就插進去，這真的會讓女人不舒服喔！

關於前戲呢！首先發動溫柔攻勢，男性在撫摸女人時，請輕捻慢揉、溫柔以待。所以放慢速度，手口並用，親吻愛撫彼此的身體，從最遠的肢體向胸乳及陰蒂等重點部位慢慢接近。親吻往往是前戲的一部分，男人除了可將吻點落在唇舌、耳垂、頸項、背部、乳頭、會陰、陰蒂等一般人熟知的敏感帶之外，也別忽略手指及腳趾、腋窩、大腿內側、手肘及膝蓋關節內側柔軟處等部位，嘗試舔舐、吸吮、輕咬等各憑想像的技巧，以激起不同的反應。

這時，手也別閒著，用手指輕得不能再輕的撫摸、指尖轉圈圈、指頭的按壓，可施在所有能想像得到和有待開發的敏感帶上。男性也可以用女性自慰的速度，幫女性自慰，讓女性在前戲時達到第一次的高潮。這不但能延長性交的時間，也能使女性在性愛活動中享受多次的高潮。

那前戲要做到什麼時候才停止呢？從女性想要啃咬的嘴唇、揮動的雙手、急欲攀住的手指、骨盆的扭動摩擦、雙腿及臀部的夾放、急促的喘息呢喃、濡濕的陰道，就可以大概知道女性已經興奮得想要跟你做愛囉！

妮可兒

15 汗味的偏愛

妮可兒妳好：

我有種奇怪的偏好，我特別喜歡在男友運動後做愛，因為當我的臉頂在他的腋下時，那股汗臭味聞起來令我精神亢奮。雖然他對那股味道沒有任何感受，但我卻十分著迷。在我閉眼聞著他的體味時，總會有無數的幻想畫面進入腦海，刺激著我的官能。我更愛他沐浴後的體味，散發淡淡的玫瑰清香。

當我的鼻子聞到那種混合的體味時，渾身逐漸感到發熱、發燙，會特別想要跟他做愛。特別是在夏季，在沒冷氣的昏暗房間裡與他潮濕的肉體相互纏結在一塊兒，使我感到很興奮，也讓我有股漲滿的充實感，所以我十分喜愛和他做愛的感覺。

總之，一想到自己被汗水淋濕的他壓在下面，就有一股無法言喻的快感直沖腦門。像我這樣的女人正常嗎？我的姐妹們老說我是變態，我真的很變態嗎？

CoCo筆

親愛的CoCo：

其實很多女性一聞到混合汗水的體味，就會刺激到性慾。

據說動物在發情期時，性器官的部分會因為流汗而產生獨特的氣味，誘惑其他的動物鼓動交配，或許是因為人類是由動物演化而成，因此還殘留有聞到汗味就容易產生慾望的習性，由上述之點來看還可令人理解。所以有的男人為了讓女性得到歡愉、快樂，就非得利用體味的功能。

在汗水淋漓的情況下做愛，有時的確可以為女性帶來更多的刺激，所以做愛時，試著打破傳統、一成不變的做愛技巧，嘗試運用沐浴階段、運動後汗流浹背的情況享受魚水之歡，一定可以體會出其中的快樂。所以CoCo妳算是個很正常的女人，放心啦！

妮可兒

16 沒有性快感

妮可兒妳好：

我今年24歲，和男朋友在一起快兩年了，已經發生過性行為，而且男朋友性慾非常強，有時候一天會想要好幾次，只是我漸漸對他想嘿咻的要求產生反感，雖然不會拒絕他，但就是感覺不對勁。

因為我發現到一個令我懊惱的事，就是我們在做愛時，都沒什麼快感，然後我們也不知道要如何才做得到那種高潮的地步。那種高潮我跟男友都沒試過，頂多只有舒服而已，所以，請幫幫我，謝謝妳！

優酪乳

優酪乳：

性高潮的到來是有其生理規律的，只有在男女雙方身體健康、精神愉快、環境舒適的條件下，在性事前先有充分的愛撫，並且男方適當控制陰莖抽動的頻率與幅度，女性才能體驗到快感，性高潮也才會隨之到來。

但女性是否得到最大的性滿足，達到性高潮，並不是靠延長性交時間來決定，還有許多心理、情緒、環境、體力等因素的影響，而且還會因人、因地、因時而變化。女人的全身性感都應被開發出來，從嘴唇、頸子、耳垂、以下至全身都是性感帶，男性必須要有技巧，就是在實際做愛時運用性感開發術。

為了要在做愛時，開發女性的快感部位，必須要在體位上下工夫。若是每次都是使用相同的體位，做愛一事就變成公式化，當然就覺得性愛沒有快感。有時，試試各種不同的體位，性愛就會產生變化，可意外地發現強烈快感之處，則性快感就被開發出來了。

何謂高潮？在字面上很難去定義，一般而言，只要能夠在性愛過程中，心理感受到確實的滿足，我們就可以認定是「高潮」。女人對高潮本來就不容易體驗，可是若男性能多些溫柔體貼，或是男女兩方多多溝通嘗試，一定能達到另一種的快感。

妮可兒

17 60歲還會自慰

妮可兒：

這事說起來有點不好意思，我已經50好幾了，老公也60歲了，我也進入更年期，和老公之間幾乎沒有性行為，也以為像他這種60幾歲的人不會想再有性行為。但是有一天我竟然看到他在自慰，真是令我太震驚了，雖然我當作不知道，但是還是覺得很奇怪。都60歲的人了，還會想要自慰，請問這是正常的嗎？

阿桂

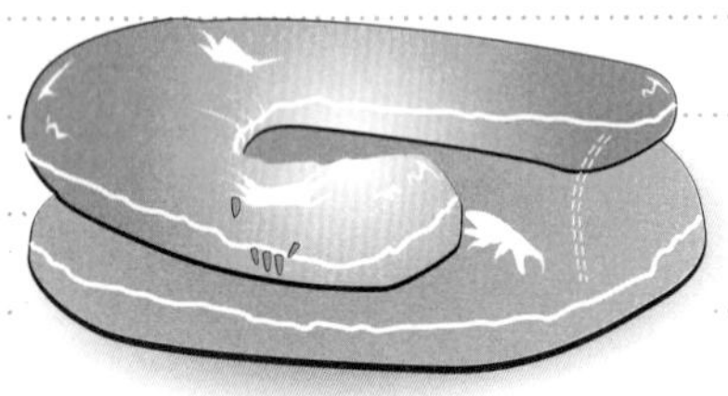

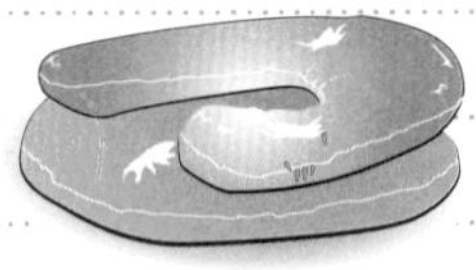

阿桂：

人常說「少年夫妻老來伴」，認為青年人多為「性戀」，頻繁的性生活維持到男60歲、女45歲，以後逐漸下降，進入老年期就應該是「伴戀」，因而對老年人的性活動視為「不正經」。其實老年人雖然性功能逐漸衰退，但並不會消失，它一直存在，直至維持到生命消失。

老年人對性生活的渴望是羞恥的嗎？是老不正經嗎？這是長久以來存在的錯誤觀念。國外醫學界有個調查統計，60至65歲的男子，83%能過正常的性生活，65至70歲的男子，70%能過正常的性生活。由此可見，老人過性生活是正常的心理與生理要求。

由於身體素質、健康狀況、文化水平不同，存在著性能力、性興趣和性觀念的差異。一部分體弱多病老人，雖然健康不佳，但也不會失去性慾望、性興趣和性能力。性活動力不從心，就可以採取手淫的辦法作為性生活的補充，保持性活力、維持性功能、釋放性緊張、延緩性器官和性心理的衰老。

而老年男性無性活動，陰莖處於虛弱狀態，形成「惰性反應」，難以再勃起，此時手淫可以維持血循環功能。所以老年男女的手淫活動，不僅有生理上的要求，也有心理上的慰藉。

妮可兒

18 六九體位的高潮

妮可兒：

我今年28歲，跟女友的感情穩定，性生活也很合得來，但感覺好像少了什麼更刺激的快感，聽人說六九體位可以使雙方感到無比的快感，可是我試過後總覺得還好而已，難道有什麼訣竅嗎？還是有什麼更好的體位？

Jerry

Jerry：

男女互舔性器官的六九式，雖然是可以讓彼此同時達到高潮的理想性愛姿勢，但是，能夠順利享受的情侶卻出乎意料的少，其實只要抓住六九的訣竅，絕對比單方面的吹喇叭或是舔小穴，更能帶給男女雙方最大的快感。六九式有一些要注意的地方，男性被吹喇叭的時候就算是一邊吸舔女方的陰蒂，他所獲得的快感也不會減少，不過反過來女性就會因為分心去吸吮男性的陽具而減低刺激感，所以在六九體位時，太過熱心幫男伴吹簫也是減弱快感的一大原因。

含住陽具的舉動當然也能讓女性異常興奮，而且也會有一種讓男性同享快感的心理產生。不過千萬不要太過性急，男性首先要手指與舌頭並用，讓對方專注於享受刺激陰蒂的快感才是上策。讓女性高潮多少次都無所謂，當女性先達到高潮時再插入便能更容易讓她再度欲仙欲死，而且男性在感到對方高潮的瞬間，自己的快感也推向極致，所以更要好好把握男性只有一次的高潮機會。如果覺得自己要射了，就要立刻把陰莖從女性口中抽出，讓她的舌頭只舔到龜頭便可以壓抑住射精的衝動，當然每個人都想要延伸快感的刺激，所以還是等到插入才是最舒服的。六九式體位是種讓男女雙方同享快感的優越體位，而人類的舌頭又是柔軟且能夠輕易上下抖動的器官，還能夠依反應自由控制刺激的強弱度，所以好好享受吧！

妮可兒

19 「A片」不是萬能

妮可兒：

我從學生時代開始很喜歡看A片，覺得看A片帶給我很多刺激感，我也時常邊看A片邊自慰，最重要的是，我從A片上學到很多做愛的技巧，A片就像是我的性愛老師一樣。

但是最近我女朋友竟然跟我說，她很受不了我用A片的方式對待她，這讓我感到莫名其妙，我以為大家都會喜歡，包括女人。而我所有的朋友也都是看A片長大的，也覺得A片是我們大家的「恩師」，而且跟女友做愛時若有A片在一旁輔助，感覺會更High。

可是自從我女友這樣跟我說了以後，我不禁在想，有什麼是A片學不到的招式？我真的想不到耶！

新新

新新：

其實許多人跟你一樣，性技巧都是從A片裡學來的，這是很悲哀的事實，因為很少有正確的管道傳播正確的性知識與性態度，大家只好從其他管道學習或自己摸索。A片就跟一般電影一樣，讓現實生活中不能做的事，在幻想中滿足。表情可以裝，聲音可以裝，痛苦可以忍耐，不悅可以隱藏，但是身體不會騙人，講到這句話，大概有許多人會心一笑「對啊，都這麼濕了，表示她一定很想要了」，不盡然，這只是A片、A漫畫給你的訊息，也難怪有人堅信「女人如果被強暴時下體會濕，表示她其實很爽、很想要」。

身體不會騙人的意思是，女孩子的各種感覺，包括舒服、疼痛、期待、疲倦、滿足等，可以從臉部與其他各部分肌肉極微小的顫動反映出來。而且每個人的性感帶分佈、敏感程度、心理感覺都不一樣，如果用心，這些都可以從她細微的反應中觀察出來。沒有一套一成不變的方法，可以適用在所有的女孩子身上。A片示範了各種「可以做愛」的方法，卻沒告訴你怎麼去體會枕邊人的心情和感覺，因為A片女優的真實感覺，不可能呈現在畫面上。如果你真心在意伴侶的感覺，不需要千奇百怪的姿勢，也不需要眼花撩亂的技巧，在觸摸她身體的每一寸肌膚時，就可以分辨得出來她喜歡什麼方式，並讓她獲得充分的滿足。

妮可兒

20 男友想從肛門進入

妮可兒：

我跟男友在做愛的時候，喜歡試試各種不同的體位，後來我們找到一個我們最喜歡的體位，就是從背後來，這個方式不僅能讓我感到舒服和高潮，我男友也感到很棒！

不過在一次做愛時，照往例我們要從背後式結束時，他突然一直摸我的肛門，然後說可以試試看從肛門進去，我一聽當場傻眼，因為我不喜歡也不想要從肛門，可是他卻說想試試看，不知道那是什麼樣的感覺，我要怎麼說服他呢？因為我真的不想！

美美

美美：

肛門和陰道一樣都是重要的性感帶之一。用指尖觸摸肛門的黏膜，肛門立刻閉緊。由於它的反應非常敏銳，自古以來一直是愛撫和舌技的對象。話雖如此，排便的肛門常常給人一種「不乾淨」的印象，因此肛交一直不見容於東方社會。

而且我要提醒你的，肛交是所有性愛中最不安全的。

肛門位於消化系統的尾端，並非生殖系統的一部分，所以不是為性交而精心設計的。肛門裡面充斥著細菌，像是致病的大腸菌，而且也是肝炎毒的溫床（每年肝炎比愛滋病奪去更多人的性命）。

然而除了病毒、細菌與糞便外，肛門還有另一個問題。肛門的設計是要防止裡面的東西跑出來，而不是要讓外面的東西跑進去。所以長期肛交下來，肛門的肌肉可能越來越鬆弛，或多或少會影響到排便自制的功能，這是可以預見的。

所以建議妳的男友，男女之間，如真的想嘗試後庭，要切記，必須戴保險套（用陰道的愛液或是凡士林等潤滑）。而且，入過肛門的套子先取掉之後，才能再進陰道，以免將肛門內的東西帶入陰道，而造成陰道的感染。

但是如果你真的不想的話，就好好跟他溝通吧！

妮可兒

21 做愛屁股抽筋

妮可兒：

想請問你一件事，有次在跟女友做愛，做到一半時，突然自屁股循大腿後側與內側抽筋，之後必須踮著腳尖、挺著臀，像要尿而又必須強忍著不准尿出來的動作一般，腰也彎不得，腳也移動不了半步，感覺彷彿被繩子綁住或筋被抽掉一般，連噴涕也打不得，真是難過得要命。

請問這是什麼原因？本來想要隔天去看醫生，但是隔天突然就好了，也不知道看醫生要從何看起，所以想請問一下，我的屁股怎麼會突然抽筋？會不會是有什麼問題？

小原

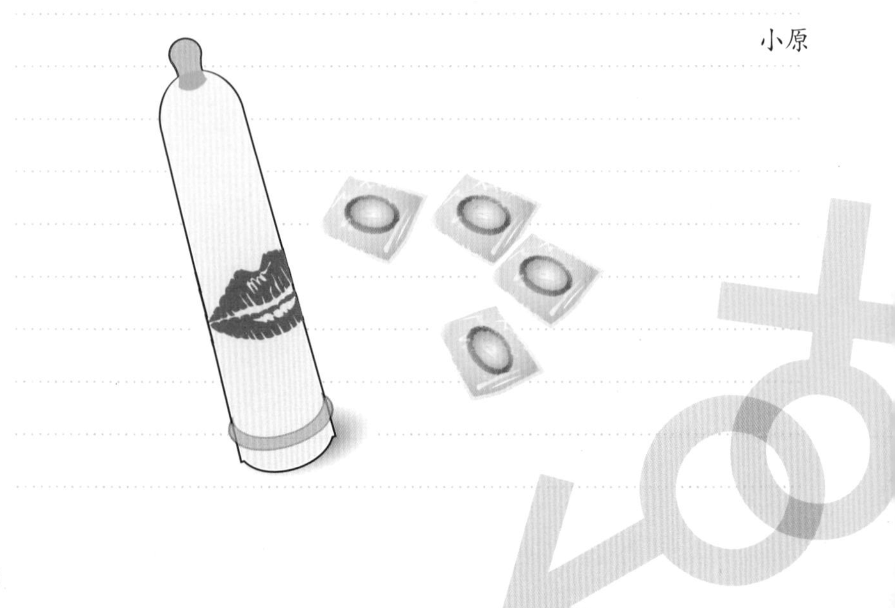

小原：

看到你的描述，我猜想這是平素有坐骨神經痛；或椎間盤脫垂壓迫神經；或平素運動不足，稍有勞累就容易抽筋；或在冷氣房中做愛，臀部保溫不足而散熱太大；或在水中做愛，用力方法與平時不相同；或屈身於很小的空間，例如汽車坐椅上或太小的箱子中；或女性躺在太高的床上，男人踮著足尖做愛，而導致臀肌疲勞，局部處於缺血、缺氧狀態，往往做愛到一半或一射精，臀部馬上抽筋。

這時怎麼辦？可請伴侶協助俯臥，自脊椎骨盤交接處用力推按或敲打，循尾椎骨兩側，尤其向站著時臀部凹陷的地方（環跳穴）用力按摩，幾下就鬆開來了。停止抽筋時馬上給予保暖，喝下多量的溫開水，躺正並慢慢做抬腿與屈伸膝蓋的動作，如果做動作時，臀腿抽筋已無，且動作正常，只要再靜躺一下就可以恢復正常了。

當然，以後再做愛時，應避免床太高，也不要在太冷的冷氣房中沒蓋被地做愛。在做愛時，也應該多換姿勢，不要同一姿勢太久，導致運動過久的疲勞抽筋。同時，做愛要講求氣氛與空間的寬敞舒適，不要在「馬殺雞」（全身性按摩） 之後立即做愛，應在做愛之後「馬殺雞」，才能避免臀肌抽筋。確有疾病者，如坐骨神經炎或腰背疼痛者，可以改變做愛的姿勢與體位，令腰間椎避免承受異常重量，以減少疼痛的發生。 不過建議你還是找醫生做個全身檢查，對你比較好喔！

妮可兒

22 當車床族的小撇步

妮可兒：

我跟女友要做愛時都很麻煩，我不能去她家，因為她父母都在；她也不能來我家，因為我爸媽也都在家，要找爸媽不在家的時間真的很少，所以我們只能偶爾去飯店，或是安排長途旅行，才能解決我們的需要。

而我朋友最近跟我們建議可以在車上搞，我認為是個好主意，所以跟朋友借了輛車。但那次跟女友出去時，為了找個隱密的地方就找了好久，而當我們找到了地點後，又對車上的環境不熟，就笨手笨腳地開始，但是一下子撞到方向盤，一下子又撞到排擋捍……，我們的性致全沒了。

到底要怎麼做才會比較順？才能享受人家說的「車床族」的感覺？請問有好方法嗎？

小龍

小龍：

其實當車床族沒有你想像中的困難。當然啦，比起那張平坦柔軟的雙人大床，難度是稍微高了一點，但如果不是這些方向盤、排檔桿和可以調整角度的椅背，車床族的樂趣也會大大減少。這裡先傳授你3招最簡單的入門功夫，保證容易上手，一試即會，但是我還是要提醒你，做任何運動前，暖身運動要準備充分，先做點伸展操對接下來的活動絕對有幫助。

第一招，用手或口愛撫對方的生殖器官。從修葛蘭身上，我們學到的最簡易的入門第一課，方法簡單，人人都會，前後座都可以做。即使再困難的空間，效果一樣不打折扣。

第二招，男方坐在後座，雙腳搭上前座的椅子，女方面向男方，以跪或坐的姿勢位於上方交合。女方雙手可以拉住後座上方的握把，幫助調整動作和速度。這個招式佔用資源空間不大，可以應用於幾乎所有size的車子，雙人跑車除外。

第三招，將前座椅背放低，男方在下仰躺在椅子上，女方坐於其上，背向男方。雙手可以握住方向盤借力。前座空間較小難度較高，但是這招反而較前面的更有變化，雙方可以調整進入的角度，讓過程更有趣。

前面說過了，這三招只是入門基本新法，等玩出心得，你們還可以自己發明花樣。剩下的，就看你囉！加油！

妮可兒

23 做愛後喘噓噓

妮可兒：

你好！一直有個疑問，每次我和男友看A片時，都發現他們可以一直做愛，而且一做就很久很久，好像都不會累，可是為什麼我每次和男友做愛完後，都會感覺很累，會很想睡覺？

是不是我的體質太差，還是做得太過激烈？但我們都是一般的做愛方式，沒有像A片裡那麼多動作，又是男上女下、女上男下或是背後式的……等太多動作啊！到底為什麼會這麼累？怎樣才可以改善這個情況？

粉粉

粉粉：

其實很多人問過我同樣的問題，就是為什麼A片裡男女主角可以不斷地做愛，而我們現實生活中卻沒辦法？其實A片裡大部分都是剪接的，是一個片段一個片段合起來的，所以才感覺他們很猛囉！

而且做愛之後疲憊不堪其實是最正常不過的事。事實上，我們每次做愛平均會消耗超過100卡路里，相等於做半小時家務，所以做愛也可算是一個不錯的運動。

當然，每個人在做愛時所消耗的體力也不同，曾經有人做過一項有趣的研究，並找出每個做愛細節所需耗的熱量：

脫衣服	溫柔地脫：12卡路里
	粗暴地脫：187卡路里
前奏	接吻：50卡路里
	尋找對方敏感帶：92卡路里
不同體位	傳統式：12卡路里
	站立式：112卡路里
	側身躺下：8卡路里
	狗仔式：216卡路里
高潮	享受高潮：112卡路里
	假裝高潮：315卡路里

做愛期間的動作	滑來滑去：9卡路里
	上下移動：7卡路里
	抽搐：20卡路里
	尖叫：18卡路里
	呻吟：11卡路里
	保持眼睛張開：33卡路里
做愛期間的勞損	擦傷手踝：5卡路里
	擦傷膝蓋：11卡路里

做愛就和做運動一樣，身體都需要適當的水分和營養補充體力，如果平日能多抽時間做運動鍛鍊身體，做愛過後就不會因太疲累而呼呼大睡了。

妮可兒

不會算安全期

妮可兒：

我想請問妳幾個問題喔！我跟我男友發生關係，第一次是給他，但有一點很奇怪，就是我沒流血耶，是為什麼啊？

還有就是我們每次做都沒戴保險套，而且他有幾次都有射進去，雖然我很怕會懷孕，可是後來也都是沒懷孕，讓我有一點點擔心，又有一點點放心。我也不是很喜歡戴保險套的感覺，因戴了會沒有那種感覺，不戴真的會懷孕嗎？

另外，讓我最困擾的是安全期部分，女生的排卵期都是什麼時候啊？好像又跟網路上算的安全期不一樣，我有點混淆了。安全期又要怎麼算呢？安全期真的就安全嗎？

古錐

古錐：

其實，第一次性行為時並不一定會落紅，有些女性首次性行為後未落紅的原因，與處女膜形狀有關，處女膜是胚胎在陰道形成時的遺跡，如果這「遺跡」只有小小的一圈在陰道周圍，則所謂的處女膜就不明顯，當然性行為後也就沒有破不破裂的問題了。

另外，也有可能是過去處女膜早已破裂而不自知，例如運動、騎單車、體操，或因某些原因腳張開過大，如劈腿等，都有可能導致處女膜破裂。

推算安全期是所有避孕方法中最簡單卻也是最不安全的方法。安全期的算法：如果月經期很規則，如相隔30天1次月經的女性，排卵日大約發生在下次預定月經前的12到16天之間，所以下次預定月經前的11到19天即為容易受孕時期，就是所謂的危險期，下次預定月經之前的10天即為安全期。

簡單地說，最短週期天數減去18天即為危險期的第一天；而最長週期天數減去11天即為危險期的最後一天。舉例來說，一個女生其月經週期從25天到33天不等，那麼她的危險期從月經週期的第7天（25-18＝7）算起，直到第22天（33-11＝22）為止；這其中16天必須避免從事性行為，或是配合其他方法避孕。

所以最安全的方式還是戴保險套，強力建議你在做愛時別忘了戴上套子，如果真的不喜歡，可以試著吃避孕藥吧！

妮可兒

健康性運動
教戰篇
特別企劃
SPECIAL REPORT
HEALTHY SEXY FITNESS
TEACHING PROGRAM
特別收錄
成人情趣用品
TOP 10

成 情趣用品淵遠流長

根據一份來自「TSD科技民主與社會」研究團體所發表的文章，推論早在石器時代可能就已經有假陽具棒的存在，這些石製的男性生殖器有著各種不同的形狀，而這些文物也從世界各地的文物中有類似的發現。

但是從石製的男性生殖器來推論為成人情趣用品的始祖，似乎有些牽強，但是年代稍晚的木製、玉製、象牙製品，就能有合理的推論。

除了仿男性生殖器的歷史文物外，營造兩性性愛氣氛的「魅藥」，也在史料中有所著墨，而且中外皆有。這類的「助情」、「助興」的方劑，不單是古代男性用來迷惑女性，也經常做為增加兩性性愛情趣的輔助。

此外，中國的肚兜也或許可以稱做情趣內衣的始祖；而描述男女性愛姿態的「春宮圖」，也可視為情趣用品的一類，你可能不知道，眾所皆知的江南才子唐伯虎，竟也是中國史上「春宮」的名畫家，因為他生性風流，流連青樓，常以眷戀的妓女、情婦為裸體模特兒，所以畫來唯妙唯肖，可說是中國史上畫裸女的首席人物。

而近代的情趣用品，大約發展於20世紀初，隨著性觀念的開放，以及兩性的平等潮流，情趣用品的主體不再以符合男性需求為主，於是有女性用自愛棒、跳蛋等產品；而材質也逐漸改用輕便、耐用的塑膠、觸感柔軟的矽膠；在使用上也更科技化，像是加入電動、有線、無線搖控、甚至是變頻、變速、或一機多用等，可謂是五花八門、應有盡有。

人情趣用品種類

情趣用品的類別十分繁複，有人以性別來分、有人以使用目的來分……，分類的方式難有個標準。但是綜觀所有的情趣用品，仍大略可分成下列幾大類：

1 充氣娃娃

以往的充氣娃娃大多為女性模樣，但是近來也出現男性的樣式。充氣娃娃的外型約略以實際的人型為設計樣本，為了方便購買及體積上的限制，多採用充氣的方式，材質也多以塑膠ＰＶＣ為主，方便清洗。但是為求真實感與逼真，在網路上也出現了以矽膠材質製作的「充氣娃娃」，樣貌與觸感都與真人十分相似。

2 自愛棒

顧名思義為仿男性生殖器的產品。目前多為矽膠材質的產品，有些以外型取勝、有些則加上了多段變速、變頻、及線控、搖控等設計。也有些為了方便 Lesbian使用，特別作了「雙頭」、或是穿戴式的設計。

3 跳蛋

為女性主要使用的主流產品。傳統的跳蛋為蛋型，多以線控的方式操作，近來也發展後端帶有「突點」以刺激「C點」的設計，且多數也都有多段變頻的功能。為了方便女性隨時隨地使用，還有設計成口紅外型的，也有設計成可長時間放置而不被發現的小巧尺寸，就算是穿戴於褲子內也不被旁人察覺。

4 自慰套

主要為男性而設計的產品。體積從拳頭，到1:1的臀部尺寸的都有，外型則多仿女性生殖器，也有的是胸部或臀部外型。目前此類產品多為矽膠製品，並強調質感細緻、可清洗，甚至還有為求真實感的環紋設計。部份產品也加上電動功能，強調能模仿真實性愛情境、或是增加刺激感。

5 拉珠&軟棒

為喜歡享受「後庭」刺激感而設計。拉的珠數與大小沒有一定尺寸，但多為從小到大，對於經常使用者，會有尺寸較大的拉珠供選擇。軟棒則與自愛棒類似，但為了能固定使用，多於底部設計吸盤，方便將軟棒固定。

6 延久環

顧名思義為延後射精時間而設計的產品，使用方式為套於生殖器根部，主要以束縮的方式來延長做愛的時間。為了增加情趣，也有延久環加上了「突點」，讓做愛時能刺激「C點」，一舉兩得。

7 七段變頻&衛生套

目前最火熱的商品。主要在衛生套尾端加上變頻震動器，增加做愛時的快感。最新型的產品則加上「突點」、「可更換電池」、「多段變頻」等功能，提升了變頻衛生套的功能，兼顧兩性的訴求，也獲得市場熱烈的迴響。

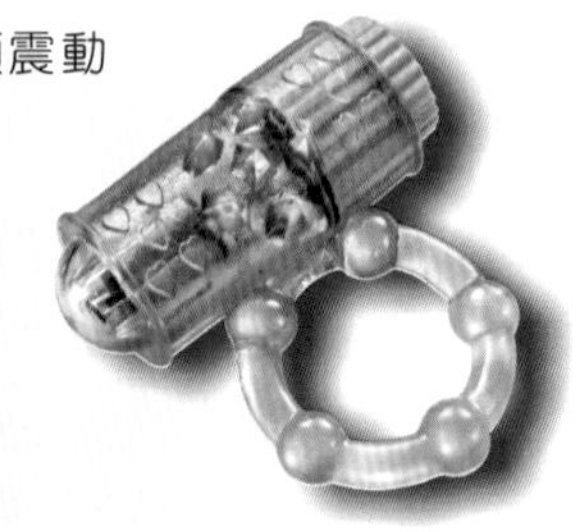

成人情趣用品的選購與使用方法

首先，必須考量到適切性與自我的需求。也就是自己，或是性伴侶都必須認同並使用成人情趣用品助興。特別是和性伴侶的溝通，最好是一同選擇，在溝通的過程中，也能了解成人情趣用品的功能，並討論出相互配合的方式。那麼，在彼此認同且充份溝通的前提下，所購買的成人情趣用品，就能隨著彼此想像的情節登場，靈活的運用。

現代的單身女性挑選男友寧缺勿濫，在獨處時若有性需求，不需要有任何壓抑行為，亦可以買【G情之夜】系列產品使用，不但可以讓女性充分享受性的自主權，同時，不需藉助外力亦可達到自我滿足。

成人情趣用品特色與功能

增加情趣型

1 【危險挑逗】跳蛋系列：跳出火花，性福的前戲，危險的遊戲！

【危險挑逗】系列主要在前戲時使用，以挑起對方情慾。精巧細緻的小跳蛋，男人可以以電動方式輕滑對方肌膚，讓女人情慾高漲以增加濕潤程度，在調情的前戲過程裡，有了跳蛋輔助，可以讓女生身不由己的扭曲擺臀，急切等待男人下一步的進攻。

就像一個危險的遊戲般，一個小小的跳蛋也能有各種不同強度的震波，當男人使用時，記得不要一口氣就將震波調到最大，以免嚇到了女生造成反效果。一開始輕柔的觸摸，慢慢挪移至大腿內側附近，這時千萬不要猴急，最好擁吻著女生讓她放鬆而感到安全，再用跳蛋接觸下體外側至外陰，順著周圍身體線條再慢慢加強振波，直到她完全興奮而自然擺動，這場危險的遊戲才算開始！因為造型小巧可愛，又有多種選擇，包括無線型跳蛋等，許多女生也會買來自己使用，利用跳蛋達到陰蒂高潮，各種強弱震波的可愛小跳蛋也成了許多女生祕密花園的新寵。

2 【情慾深穴】自愛棒系列：情慾穴道宛若迷宮，需要不斷摸索！

人體是非常奧妙的，除了我們熟悉的下體、乳房外，全身都可能是性感帶，例如耳朵、腳趾、腰際、頸背等，甚至輕撫愛人手臂都有可能產生化學變化，讓身體顫抖下體濕潤或堅硬起來，在增加愛情密度時，適當的前戲有助於情人間的後續親密，尤其是愛撫後的放鬆身體，更是達到高潮的一大保證。

在【情慾深穴】系列裡，每個自愛棒都可以當作穴道觸壓來用，在前戲裡可以用來觸壓情人的各處穴道。現代人的工作都是繃緊而壓力過大的型態，特別需要觸壓來放鬆。例如，順著頸椎兩旁輕輕觸壓到肩膀、腰際，甚至沿著大腿到腳底，觸壓身體各個穴道。或是利用【情慾深穴】系列去發掘情人身體的情慾穴道，就像一道迷宮一樣必須自己去探索出口，不過，一旦刺激便興奮而容易得到快樂。

【情慾深穴】系列有各種不同的造型設計、尺寸，甚至所有的材質也都不盡相同，可以配合需要而選擇，是非常多功能的自愛棒。

G點難耐型

1 【G情之夜】深入G點，讓您直達雲霄！

真正的做愛是不容易碰觸到G點的，因為G點的位置不容易深入，即使男人非常努力，也不一定能讓女生每次都得到滿足，因此可以藉由【G情之夜】系列的輔助，讓每一次親密接觸都有令人難忘的高潮。【G情之夜】系列在設計上採用特殊角度，經過精密計算後，以準確的彎曲弧度在尖端上做特別設計，配合柔軟的材質，在深入女生陰道時直接碰觸G點，達到真正的陰道高潮。男人可以在努力衝刺後配合使用【G情之夜】系列，共同翻雲覆雨直達雲霄。【G情之夜】有各種款式選擇，除了有增加陰蒂高潮的配合設計款，讓女性充分享受雙重快樂外，另外，也針對E世代年輕男女設計非常可愛的動物造型如海豚等，以尖嘴的部分刺激G點，讓比較缺乏經驗的男女在視覺的接受度增高，不會害怕使用情趣用品。

現代的單身女性挑選男友寧缺勿濫，在獨處時若有性需求，不需要有任何壓抑行為，亦可以買【G情之夜】系列產品使用，不但可以讓女性充分享受性自主權，同時，不需藉助外力亦可達到自我滿足。

2 【快樂夾擊】假陽具系列：夾擊陰蒂自愛棒，高潮不斷呼叫連連!

如果男人認為假陽具棒只是取代了男人的器官功能，那【快樂夾擊】系列可能會讓男人大吃一驚！【快樂夾擊】系列在設計上特別講究除了在進出女性陰道外，如何讓女性也能同時享受陰蒂快感，進而達到雙方面的高潮，所以在假陽具棒的下方設計了夾擊的功能，隨著抽插的速度也不斷摩擦陰蒂，讓女生享受陰蒂高潮的無比快樂。

【快樂夾擊】系列主要針對女性的陰蒂高潮所設計，夾擊的位置正好落在C點上，是女生最容易到達高潮的碰觸點，使用【快樂夾擊】系列，除了讓女人的陰道充滿飽足感，陰蒂更是接受強加刺激，高潮不斷呼叫連連，絕對讓男人看了情慾大發興奮不已，更希望能迅速增加兩人的親密結合。

兩地相思型

1 【男性自慰套】：少了女人，我也要高潮！

還沒追到心愛的女人前，男人的性需求該如何解決？！外

國內最大情趣用品製造商

以【七段變頻&衛生套】一舉打響名號的領航者公司，透過新品上市記者會、電子、平面媒體的曝光、逐漸引領國人以正面的態度看待情趣用品。

即使在推廣新產品時，總難免會出現負面的批評。但是他們相信，只要傳達正面的性愛情趣、推廣情趣用品對兩性關係的助益、以及情趣用品的正確使用態度，就能逐步打開情趣用品的市場。

於是，領航者在多年參與國際性成人情趣用品展的心得下，希望逐步開拓台灣對情趣用品的接受度，也希望透過與媒體的合作，能正確地傳達情趣用品的正面意義。

PILOT BOAT®
領航者

全省情趣用品均有販售
刊登之所有商品

NO.1
魔術七段變頻&衛生套

結合衛生套、跳蛋棒的原理【領航者】自行研發出電動衛生套，在小巧的按摩器上設計七段忽強忽弱的變頻振動，包括緩和、躍起、強振、潮汐、脈衝、突擊、浪濤等，魔術變頻&衛生套同時強調輕（重量僅25克）、長（電池壽命長，並可更換，永久重複使用）、水（具防水性佳，清洗簡單）、快（組合容易，按摩器塗潤滑液組合僅3～5秒）等四種便利，操作絕不耽誤時間破壞性愛氣氛。

產品簡介

NO.2
LCD液晶顯示自愛棒

領航者

www.pilotboat.com.tw

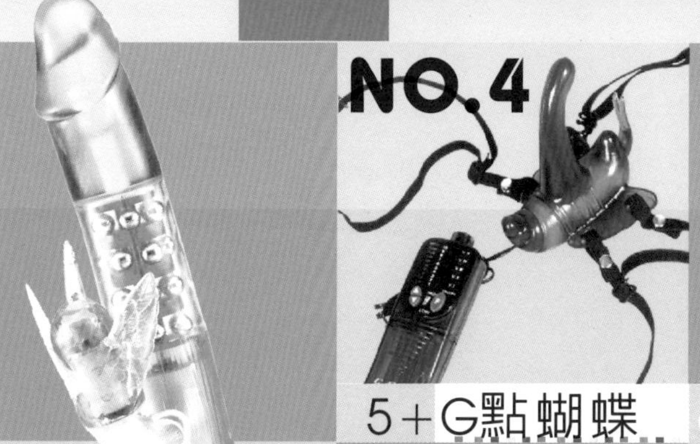

特別收錄
成人情趣用品 TOP 10

NO.3
3＋8段迷你小蜂鳥24珠

NO.4
5＋G點蝴蝶

NO.5
8＋迷你震動棒

NO.6
G點動物跳蛋

NO.7
3＋8超軟18珠

NO.8
G點迷你海豚棒

NO.9
無線跳蛋棒系列

NO.10
強力快樂星球

面世界強暴犯、性侵害這麼多，常常就是因為性壓抑到病態才發生悲劇。性的需求確實不該被壓抑，但在還沒有對象前，或是對象不在身邊時，仍必須有正確的管道抒解。雖然男人們常常開玩笑說「雙手萬能」，但若有一個【男性自慰套】，不需雙手，男人也能夠獲得高潮，【男性自慰套】有各種款式選擇，近乎性愛的逼真效果絕對讓所有使用的男人大呼過癮與滿足！

2 【女生愛自己丁字褲】：男人不在，女人也要愛自己！

女人也有性需求，只是女人的情慾需要一些情境與感覺來營造，這也是許多女生在男人不在時就壓抑了自己的需要。但事實上，男人不在，女人也要愛自己，不願意接受一夜情或是短暫性愛，其實利用情趣用品的輔助，也可以達到快樂的效果。【女生愛自己丁字褲】是用丁字褲形狀的概念，將附有可以到達G點的部分放入身體內，而另外有皮帶將其與身體固定住，配合電動遙控器調整震波強度，以達到前所未有的高潮。這是一個功能性非常強的產品，讓所有女生都能在還沒有找到最愛或是男人不在身邊又有需要時，也能得到莫大的快樂。

醫師對情趣用品的看法

只要是正當且適宜的使用情趣用品，的確能提升性行為的樂趣。此外，醫師指出，不論使用哪種情趣用品，都應該注意衛生與安全。甚至有人借用他人的按摩棒，未經清潔再度使用而感染性病，這些都要特別注意。再者，醫師也建議，在使用置入型成人情趣用品時，要選擇適合的大小，而且最好能搭配潤滑劑使用，以免因為過度的推擠、或潤滑不足，造成受傷。

領 以上單元由領航者製作編排

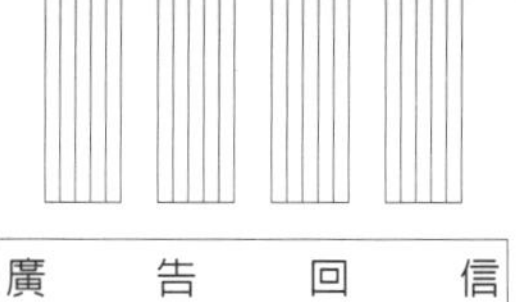

廣 告 回 信
臺灣北區郵政管理局登記證
北 台 字 第 8719 號
免 貼 郵 票

106-□□
台北市新生南路3段88號5樓之6

揚智文化事業股份有限公司 收

□□□-□□
地址：　　市縣　　鄉鎮市區　　路街　段　巷　弄　號　樓
姓名：

書號 L8001　　書名 性福掛號信

葉子出版股份有限公司

讀・者・回・函

感謝您購買本公司出版的書籍。

爲了更接近讀者的想法，出版您想閱讀的書籍，在此需要勞駕您詳細爲我們塡寫回函，您的一份心力，將使我們更加努力！！

1.姓名：__________

2.性別：□男 □女

3.生日／年齡：西元______ 年_____月 _____ 日____歲

4.教育程度：□高中職以下 □專科及大學 □碩士 □博士以上

5.職業別：□學生□服務業□軍警□公教□資訊□傳播□金融□貿易
□製造生產□家管□其他__________

6.購書方式／地點名稱：□書店_____□量販店_____□網路_____□郵購_____
□書展_______□其他____

7.如何得知此出版訊息：□媒體_____□書訊_____□書店_____□其他_____

8.購買原因：□喜歡作者□對書籍內容感興趣□生活或工作需要□其他

9.書籍編排：□專業水準□賞心悅目□設計普通□有待加強

10.書籍封面：□非常出色□平凡普通□毫不起眼

11. E－mail：____

12喜歡哪一類型的書籍：____

13.月收入：□兩萬到三萬□三到四萬□四到五萬□五萬以上□十萬以上

14.您認為本書定價：□過高□適當□便宜

15.希望本公司出版哪方面的書籍：______________________________

16.本公司企劃的書籍分類裡，有哪些書系是您感到興趣的？

□忘憂草（身心靈）□愛麗絲（流行時尚）□紫薇（愛情）□三色堇（財經）
□ 銀杏（健康）□風信子（旅遊文學）□向日葵（青少年）

17.您的寶貴意見：

____

☆塡寫完畢後，可直接寄回（免貼郵票）。
我們將不定期寄發新書資訊，並優先通知您
其他優惠活動，再次感謝您！！

根

以讀者爲其根本

莖

用生活來做支撐

引發思考或功用

獲取效益或趣味